양식조리기능사 · 조리산업기사

서양조리 실무

김미향 · 정중근 · 최은주 · 김동석 공저

Western Cooking Practice

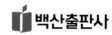

머리말

외식산업의 발달로 서구식 프랜차이즈 업체와 레스토랑이 성업하고 있다. 스테이크, 샌드위치, 파스타, 리조토, 피자 등의 서양식 메뉴가 대중화되었고, 이는 한식 메뉴 및 조리법과 결합되어 우리에겐 이미 일반적인 음식으로 인식되고 있다. 이러한 양식요리의 대중화에 힘입어 최근에는 양식조리기능사의 취득 수요가 늘어나고 있다. 이론과 실무를 겸비한 전문 양식조리사가 되기 위해서는 자격증 취득이 필수적이며, 이는 양식조리를 전공하기 위한 필수요인이다.

이 책은 양식조리기능사 자격증 취득을 위한 변경된 실기과제로 실시하는 양식조리기능사 실기시험 공개문제 32가지의 요구사항과 채점기준을 철저하게 분석하여 다음과 같은 사항에 중점을 두고 집필하였다.

1. 양식조리에 대한 이해를 돕기 위하여 기초이론을 설명하였다.
2. 각 메뉴에 대한 이해를 돕기 위하여 메뉴의 어원 및 참고사항을 수록하였다.
3. 32가지의 메뉴를 각 과정별 컬러사진으로 나타내 요구사항의 내용을 충족시킴으로써 스스로 사진을 보고 실습할 수 있도록 구성하였다.
4. 한국산업인력공단에서 제시하는 지급재료와 요구사항을 기준으로 최근 변경된 내용을 충실히 반영하였다.
5. 양식조리기능사 실기시험의 채점 및 감점과 직결되는 중요한 사항은 별도의 Tip과 확인하기(채점 기준표)를 통해 정리하였다.
6. 실기시험 직전에 활용할 수 있는 과제별 레시피를 수록한 핵심요약 노트를 부록으로 제공하여 시험 시 지참 정리할 수 있도록 구성하였다.

또한 외식산업이 대형화 · 전문화되면서 조리업무 전반에 대한 전문인력의 필요성이 커짐에 따라 조리기능사 자격만으로는 급변하는 외식산업을 관리할 능력에 한계가 있다고 보고 중간관리자의 기술과 능력을 평가하는 조리산업기사 자격증의 취득 필요성이 높아지게 되었다. 이에 따라 양식 산업기사 자격증 취득을 위한 이론과 실기메뉴를 수록하였다.

이 책이 양식 전문가가 되기 위한 첫걸음에 도움이 되기 바라며, 나아가 양식조리에 대한 이해의 폭을 더욱 넓히고 양식조리사 관련 자격증 취득을 위한 좋은 지침서가 되기 바란다.

저자 씀

01

양식조리에 대한 이해

02

양식조리기능사 실기문제

전채요리

수프

샐러드

스톡과 소스

메인 디시 | 오믈렛

메인 디시 | 생선요리

주어진 재료를 사용하여 다음과 같이 시저샐러드를 만드시오.

❶ 마요네즈(100g), 시저드레싱(100g), 시저샐러드(전량)를 만들어 3가지를 각각 별도의 그릇에 담아 제출하시오.
❷ 마요네즈(mayonnaise)는 달걀노른자, 카놀라오일, 레몬즙, 디존 머스터드, 화이트와인식초를 사용하여 만드시오.
❸ 시저드레싱(caesar dressing)은 마요네즈, 마늘, 앤초비, 검은후춧가루, 파미지아노 레기아노, 올리브오일, 디존 머스터드, 레몬즙을 사용하여 만드시오.
❹ 파미지아노 레기아노는 강판이나 채칼을 사용하시오.
❺ 시저샐러드(caesar salad)는 로메인 상추, 곁들임(크루통(1cm x 1cm), 구운 베이컨(폭 0.5cm), 파미지아노 레기아노), 시저드레싱을 사용하여 만드시오.

- -

유의사항
❶ 만드는 순서에 유의하며, 위생과 숙련된 기능평가를 위하여 조리작업 시 맛을 보지 않습니다.
❷ 지정된 수험자지참준비물 이외의 조리기구나 재료를 시험장 내에 지참할 수 없습니다.
❸ 지급재료는 시험 전 확인하여 이상이 있을 경우 시험위원으로부터 조치를 받고 시험 중에는 재료의 교환 및 추가지급은 하지 않습니다.
❹ 요구사항의 규격은 "정도"의 의미를 포함하며, 지급된 재료의 크기에 따라 가감하여 채점합니다.
❺ 위생상태 및 안전관리 사항을 준수합니다.
❻ 다음 사항에 대해서는 채점대상에서 제외하니 특히 유의하시기 바랍니다.
    가) 기권 – 수험자 본인이 시험 도중 시험에 대한 포기 의사를 표현하는 경우
    나) 실격 – (1) 가스레인지 화구 2개 이상(2개 포함) 사용한 경우
            (2) 불을 사용하여 만든 조리작품이 작품특성에 벗어나는 정도로 타거나 익지 않은 경우
            (3) 시험 중 시설·장비(칼, 가스레인지 등) 사용 시 감독위원 및 타수험자의 시험 진행에 위협이 될 것으로 감독위원 전원이 합의하여 판단한 경우
    다) 미완성 – (1) 시험시간 내에 과제 두 가지를 제출하지 못한 경우
            (2) 문제의 요구사항대로 과제의 수량이 만들어지지 않은 경우
    라) 오작 – (1) 구이를 찜으로 조리하는 등과 같이 조리방법을 다르게 한 경우
            (2) 해당 과제의 지급재료 이외의 재료를 사용하거나 석쇠 등 요구사항의 조리도구를 사용하지 않은 경우
    마) 요구사항에 표시된 실격, 미완성, 오작에 해당하는 경우
❼ 항목별 배점은 위생상태 및 안전관리 5점, 조리기술 30점, 작품의 평가 15점입니다.

- -

만드는 법

❶ 로메인 상추는 물에 담궜다가 수분을 제거한 후 적당한 크기로 썰어서 준비를 한다.
❷ 마늘과 엔초비는 다져 놓는다.
❸ 식빵은 사방 1cm로 썰어 올리브오일을 뿌려 버무린 다음 프라이팬에 넣어 갈색으로 크루통을 만든다.
❹ 베이컨은 1cm 크기로 자른 다음 중불에 올려 볶아 바삭하게 만들고 키친타월에 올려 기름을 빼준다.
❺ 흰자와 노른자는 분리한 후 볼에 달걀노른자 2개와 분량의 디존 머스터드와 레몬즙을 넣어 휘핑을 하고 카놀라오일을 나누어 한 방향으로 300ml를 넣어 휘핑을 한 후 화이트와인을 넣어 마요네즈를 완성한다.
❻ ⑤에서 완성된 마요네즈 100g을 제시하고 남은 마요네즈에 다진 마늘과 다진 엔초비를 넣어 시저드레싱을 완성한다.
❼ 볼에 시저드레싱과 먹기 좋은 크기로 썬 로메인 상추 그리고 크루통과 볶은 베이컨, 후추를 버무려 그릇에 담는다.
❽ 파미지아노 레기아노를 갈아서 완성한다.

◉ 양식 조리기능사 2018년도 추가메뉴

스파게티

03

조리산업기사 이론

04
조리산업기사(양식) 메뉴

01

양식조리에
대한 이해

1. 양식조리의 개요

1) 양식조리의 개요

　일반적으로 양식요리는 세계를 동양과 서양으로 구분하였을 때 구미를 비롯하여 유럽을 포함하는 나라의 요리를 말하며 요리라고 하는 것은 그 지역의 문화, 국력, 지리적인 여건, 풍습, 민족의 분포도 등 다양한 요인에 의하여 번성 발전되기도 하고 때로는 퇴색되기도 한다.

　따라서 서양요리는 문화적으로나 경제적 발전이 비교적 빨랐던 이탈리아, 프랑스를 중심으로 발전된 요리를 일컬으며 제2차 세계대전 이후 급속한 경제력과 군사대국인 미국의 세력에 의하여 전 세계에 빠른 속도로 전파되었으며 미국의 상업주의적인 문화가 가미되어 변형된 부분도 여러 곳에서 발견되고 있다.

　서양요리의 특징은 여러 종류의 소스와 요리에 맞는 와인, 풍부한 유제품과 더불어 다양한 조리법으로 개발된 알라카르트(A la Carte)요리와 연회요리 등으로 동양요리와는 비교될 수 없는 깊은 맛과 전통을 지니고 있다.

　서양요리의 근원은 이탈리아 요리라고 할 수 있다. 16세기까지 프랑스 요리는 다른 나라와 별 차이가 없었으나 1533년 오를레앙(국왕 앙리 2세) 공작이 이탈리아의 캐서린 메디치(Catherine Medici)와 결혼함으로써 메디치가의 요리가 프랑스로 전래되어 프랑스 요리가 발전되기 시작했다.

　또한 20세기에 접어들면서 어거스트 에스코피에(Auguste Escoffier: 1846~1935)에 의해 프랑스 요리가 체계화되면서 조리지침서(Le Guide Culinaire, 1903)를 저술하여 프랑스 요리의 질을 보다 높이게 되었다.

　19세기 미국의 찰스 란호퍼(Charles Ranhofer: 1836~1899)는 뉴욕에서 Delmonico's란 레스토랑을 열어 국제적으로 명성을 얻은 첫 번째 조리장으로서 'The Epicurean'이라는 3,500가지 Recipes가 들어 있는 조리사전을 발간하였으며, 페니 메리트 파머(Fannie Merit Farmer: 1857~1915)에 의해 표준계량법이 개발됨으로써 요리가 더욱 체계화되었다.

2) 서양조리의 메뉴

Menu의 어원은 라틴어의 Minuts이며, 이것은 영어의 Minute에 해당되는 말로 '상세히 기록한다'라는 의미를 지니고 있다. 하나하나의 조리방법과 사용되는 식재료를 상세히 기록하여 놓은 것이라는 뜻으로 Detailed Record 혹은 Detailed List를 말한다. 즉 고객에게 요리를 상품으로 소개하는 일종의 목록이라고 할 수 있다.

메뉴는 1498년 프랑스 어느 귀족의 아이디어로 시작되었으며, 이후 1541년 프랑스 헨리 8세 때 브룬스윅 공작의 연회 시 요리에 관한 내용과 순서 등을 메모하여 요리를 제공한 것에서 유래되었다.

메뉴의 형태

• 정찬메뉴(Full Course Menu)의 순서

프랑스의 연회행사에서 커다란 테이블에 많은 고객들이 똑같은 음식을 제공받은 것에서 유래하였으며, Full Course Menu 또는 Set Menu라고 한다.
즉 제공한 음식의 종류와 순서가 미리 정해진 Menu의 형태이다.

• 5 Course

애피타이저 – 수프 – 메인 디시 – 디저트–음료(Appetizer → Soup → Main Dish → Dessert → Beverage)

• 7 Course

애피타이저 – 수프 – 생선요리 – 메인 디시 – 샐러드 – 디저트 – 음료(Appetizer → Soup → Fish → Main Dish →Salad → Dessert → Beverage)

• 9 Course

애피타이저 – 수프 – 생선요리 – 셔벗 – 메인 디시 – 샐러드 – 디저트 – 음료 – 단과자(Appetizer → Soup → Fish → Sherbet → Main Dish → Salad → Dessert → Beverage → Praline)

• 12 Course

찬 애피타이저 – 수프 – 따뜻한 애피타이저 – 생선요리 – 셔벗 – 메인 디시 – 샐러드 – 디저트 – 과일 – 치즈 – 음료 – 단과자(Cold Appetizer → Soup → Warm Appetizer → Fish → Sherbet → Main Dish → Salad → Dessert → Fresh or Compote → Cheese → Beverage → Praline)

3) 서양요리의 종류

(1) 전채요리(Appetizer)

Caviar

Goose Liver

전채요리는 제일 먼저 제공되는 요리로서 영어로는 애피타이저(Appetizer), 불어로는 오르되브르(Hors d'Oeuvre)라고 한다.

'Hors'는 앞이라는 뜻이고 'Oeuvre'는 작업, 즉 식사를 의미한다. 본 요리를 먹기 전 식욕을 돋우기 위한 목적으로 제공하기 때문에 모양이 좋고, 맛이 있어야 하며 분량이 적어야 하고, 다음 순서에 나올 음식과의 중복을 피해야 한다.

전채요리는 크게 찬 전채(Cold Appetizer)와 더운 전채(Hot Appetizer)로 구분된다. 세계 3대 전채요리 식재료로는 상어알(caviar), 거위알(goose liver), 송로버섯(truffle)이 있다.

Truffle

㈎ Cocktail

새우, 바닷가재, 게와 과일, 채소 등을 이용하여 만든 요리로서 칵테일 글라스를 주로 사용한다.

㈏ Canape

Canape

크래커나 빵을 여러 모양으로 잘라 튀기거나 토스트하여 버터를 바른 다음 여러 가지 재료(앤초비, 채소, 치즈, 소시지, 캐비아, 훈제연어 등)를 얹어 작은 모양으로 만든 요리이다.

㈐ Appetizer Salads

스터프트 에그, 훈제연어 등에 적은 양의 채소와 양념을 곁들인 요리이다.

(2) 수프(Soup)

Appetizer Salads

수프는 육류, 생선, 닭 등의 고기나 뼈에 채소와 향신료를 섞어서 끓여낸 국물, 즉 스톡을 재료로 하여 만든다. 수프의 농도에 따라 맑은 수프인 콩소메(Consomme)와 걸쭉한 수프인 포타주(Potage)로 나뉘며, 먹는 방법에 따라 찬 수프(Cold Soup)와 뜨거운 수프(Hot Soup)로 나눈다.

㈎ 맑은 수프

지방분이 제거된 고기를 잘게 썰어 양파, 당근, 셀러리 등을 넣고 천천히 끓인 후 달걀흰자를 넣고 저어준다.

조리된 콩소메는 첨가된 재료에 따라 그 이름이 달라지므로 그 종류가 400가지가 넘는다.

㈏ 걸쭉한 수프

농후제를 사용하여 만든 스톡에는 다음과 같은 종류가 있다.

① 크림수프(Cream Soup)

밀가루를 버터에 볶아 우유와 스톡을 넣어 만든 수프이다.

② 퓌레수프(Puree Soup)

퓌레란 채소나 과일을 익혀 걸러낸 즙을 말하는 것으로 퓌레를 이용하여 스톡과 혼합하여 조리한 수프이다. 감자수프, 양송이수프, 완두콩수프 등이 있다.

③ 차우더(Chowder)

조개, 새우, 게, 생선류 등과 감자를 이용하여 만든 건더기가 많은 수프이다.

④ 비스크(Bisque)

새우, 게, 가재 등으로 만든 어패류 수프이다.

Cream Soup

Puree Soup

Chowder

(3) 생선요리(Fish Dish)

생선류, 갑각류, 패류 등을 찌기, 지지기, 굽기, 튀기기 등의 여러 조리법으로 조리한다. 일반적으로 껍질과 뼈를 제거한 뒤 소스를 첨가하는데, 전채요리로 쓸 때를 제외하고는 날로 먹지 않는다. 바다생선, 민물고기, 조개류, 갑각류, 연채류, 식용개구리, 달팽이 등을 사용한다.

㈎ 주로 사용하는 해수어

대구, 멸치(앤초비), 민어, 바다장어, 고등어, 도미, 청어, 정어리, 참치, 넙치, 광어

㈏ 주로 사용하는 담수어

뱀장어, 농어, 송어, 연어, 잉어, 메기, 개구리다리, 철갑상어

(4) 주요리(Main Dish)

각종 스테이크류, 스튜, 커틀릿, 그릴 등이 있다.

멸치(앤초비)

대구

광어

고등어

(개) 소고기(Beef)

(ㄱ) 비프스테이크(Beef Steak)

식용으로 쓸 수 있는 소는 새끼를 낳지 않은 암소나 거세한 수소가 좋다. Steak나 Roast용으로는 2~3세의 어린 것이 좋으며, 쇠고기는 밝은 선홍색이어야 하며, 고기는 단단하고 고깃결이 매끄러워야 한다.

비프스테이크는 쇠고기를 두껍게 잘라서 구운 것으로 고기의 부위에 따라 명칭이 달라진다.

① 등심스테이크(Sirloin Steak)

등심의 끝부분에 있는 부위로 영국의 왕이었던 찰스 2세가 이 등심스테이크를 좋아하여 스테이크에 남작의 직위를 수여했다고 한다. 그 후 'Loin'에 'Sir'를 붙여서 'Sirloin'이라 하였다.

② 티본스테이크(T-bone Steak)

안심과 등심이 같이 붙어 있어서 안심과 등심을 동시에 맛볼 수 있는 것으로 포터하우스 스테이크를 잘라낸 다음 그 앞부분을 자른 것이다. 포터하우스 스테이크보다 안심 부분이 작고 뼈를 T자 모양으로 자른 것이다.

Sirloin Steak와 안심을 뼈와 함께 잘라 크기가 큰 스테이크다.

③ 안심스테이크

육질이 연하고 풍미가 있는 안심은 소 한 마리에 보통 2개가 있는데, 평균 4~5kg 정도 되며 소를 세워놓고 볼 때 갈비뼈 뒤편 안쪽에 채끝살로 둘러싸여 있다.

안심스테이크

- 샤토브리앙(Chateaubriand) : 소의 안심 부위 중 가운데 부분을 4~5cm로 두껍게 잘라서 굽는 최고급 스테이크. 19세기 프랑스 귀족이며 작가인 샤토브리앙 남작의 전속 요리사 몽미레이유가 만들어 제공하여 이름을 붙였다.
- 투르누도(Tournedo) : 안심의 중간 뒷부분을 이용 베이컨을 감아서 구워내는 요리이며 1855년 파리에서 처음 시작된 것으로 투르누도란 눈 깜짝할 사이에 다 된다는 의미다.
- 필레미뇽(Filet Mignon) : 안심부위의 뒷부분으로 만든 소형의 아주 예쁜 스테이크라는 의미이다. 보통 스테이크의 꼬리에 해당하는 세모형태 부분을 베이컨으로 감아서 구워낸다.

(ㄴ) 스테이크 굽는 정도

- Rare : 스테이크 속이 따뜻한 정도(52℃)로 익혀 자르면 피가 흐르도록 겉부분만 살짝 굽는다.

- Medium : 절반 정도 익히는 것으로 자르면 붉은색이 되어야 한다. 고기 내부의 온도는 60℃ 정도
- Medium Welldone : 거의 다 익히는데 자르면 가운데 부분만 붉은색이 있어야 한다. 고기내부의 온도는 65℃ 정도
- Welldone : 속까지 완전히 익힌다. 고기내부의 온도는 70℃ 정도

(5) 샐러드(Salad)

주로 신선한 생채소를 차갑게 하여 만든다. 채소 이외에 달걀, 참치, 닭고기, 육류 가공품을 주재료로 하는 경우도 있는데, 이러한 경우는 대개 메인 디시를 대신한다.

샐러드의 어원은 라틴어의 "Herba Salate"로서 그 뜻은 소금을 뿌린 허브(Herb) 이다. 즉 샐러드란 신선한 채소나 허브 등을 소금만으로 간을 맞추어 먹었던 것에 서 유래한다. 샐러드는 싱싱한 제철 채소의 잎, 뿌리, 줄기, 열매, 식물의 싹, 향료 (Herbs), 달걀, 고기, 해산물 등에 각종 드레싱(Dressing)을 혼합하거나 곁들여 제 공함으로써 지방분이 많은 주요리(Main Dish)의 소화를 돕고 비타민과 무기질, 섬 유질을 섭취하여 건강의 균형유지에 큰 역할을 한다.

샐러드는 크게 순수 샐러드(Simple Salad)와 혼성 샐러드(Compound Salad)로 나눌 수 있다.

㈎ 순수 샐러드(Simple Salad)

양상추, 양배추, 치커리 등 녹색 채소를 한입 크기로 잘라 만든 샐러드

㈏ 혼합샐러드(Compound Salad)

- 과일샐러드 : 여러 가지 과일과 채소를 혼합하여 만든 샐러드
- 해물샐러드 : 생선살이나 통조림을 이용하여 채소와 혼합한 샐러드
- 육류 샐러드 : 채소와 육류를 함께 섞어 만든 샐러드
- 가금류 샐러드 : 채소와 가금류를 혼합하여 만든 샐러드

(6) 후식(Dessert)

후식은 식사의 마지막을 장식하는 요리로 그 모양이 화려하고, 기름지거나 너무 달지 않은 산뜻한 맛을 주는 것이 특징이다.

후식에는 과일류, 케이크류, 치즈류, 더운 후식, 찬 후식, 셔벗(일종의 얼음과자로 리큐르의 향과 맛을 살리고 단맛이 나게 하여 얼린 것)으로 구분할 수 있다.

(7) 음료(Beverage)

㈎ 커피(Coffee)

약 7세기경 에티오피아의 칼디라는 양치기 소년에 의해 커피 열매가 처음 발견된 이래, 얼마간은 주로 생식으로 섭취되던 것이 아라비아 반도로 건너간 후, 오늘날과 같이 끓여서 마시는 형태의 음료수로 음용되기 시작했다. 붉은색의 커피 열매가 발견된 초창기에는 그 열매를 '졸음을 쫓고, 영혼을 맑게 하며, 신비로운 영감을 느끼게 하는 성스런 열매'로 여겨 이슬람교도들만이 먹는 귀한 것이었다. 커피의 원산지는 에티오피아의 아비시니아고원이지만 인공적으로 재배한 곳은 아라비아 지방으로, 15세기경 커피의 재배가 중요시되어 종자가 국외로 반출되는 것을 금하였다. 커피 종자의 전파를 막기 위한 방편으로 열매를 볶아 이웃나라에 수출하는 방법이 고안되면서 볶은 커피 열매를 달여 마시게 된 것이 오늘날 세계에서 가장 많이 이용되는 기호음료의 하나로 발전하는 시초가 되었다.

㈏ 차(Tea)

차나무는 덥고 강우량이 많은 동남아시아에서 자라는 식물로 잎을 따서 그대로, 또는 발효시켜 차로 만든다. 신라시대 때 중국을 통해 들어온 차는 신라 말과 고려시대에 차문화의 최고 전성기를 이루다가 조선시대에 와서 일시적인 쇠퇴기를 맞았다. 그러나 지금은 기호음료로써뿐만 아니라 건강음료로도 각광받고 있다.

- 녹차 : 찻잎을 건조시키기 전에 증기에 쪄서 효소를 불활성화시킨 후 만든 것으로 녹색을 띤다. 비발효 차인 녹차는 중국의 북부지방과 일본, 우리나라, 월남 등에서 주로 생산된다.
- 홍차 : 찻잎을 일정기간 발효시켜서 만든다. 자체 내의 효소에 의해 발효하는 과정에서 독특한 색, 맛, 향이 부여된다.

2. 양식조리의 조리기구

(1) 셰프 나이프(Chef′s Knife)

Chef's Knife

다목적용 칼로 다양하게 자르고 썰고 다질 때 사용한다. 칼날의 길이는 일반적으로 8~14인치까지 있다.

(2) 페어링 나이프(Paring Knife)

Paring Knife

칼날이 아주 짧은 나이프로 채소나 과일을 깎거나 다듬을 때 사용하며 칼날 길이는 2~4인치이다.

(3) 투르네 나이프(Tourner Knife)

Tourner Knife

주로 모양을 다듬을 때 사용하는 작은 칼이다. (돌리면서 모양을 내는 것)

(4) 연어 나이프(Salmon Knife)

Salmon Knife

조리된 육류, 즉 돼지고기 로스트 등의 덩어리 고기나 훈제연어를 얇게 써는 데 사용한다. 칼끝이 둥글거나 뾰족하기도 한데 칼날의 길이가 긴 칼이다. 칼은 유연한 것과 단단한 것이 있으며 끝이 점점 가늘어지는 것이나 가장자리에 골이 파여 있는 것도 있다.

(5) 필러(Peeler)

Peeler

셀러리의 껍질이나 채소의 껍질을 벗기는 데 사용한다.

(6) 뒤집개(Turner)

Turner

그릴, 브로일러, 그리들 등의 조리기구에서 조리된 음식을 뒤집거나 들어올리는 데 사용한다.

Whisks

(7) 거품기(Whisks)

재료를 휘젓고, 섞고, 거품을 낼 때 사용한다.

Pastry Bag

(8) 짤주머니(Pastry Bag)

감자 으깬 것, 달걀을 삶아 체에 내린 것, 휘핑크림 포립 간 것 등을 다양한 모양으로 짜내는 데 사용한다.

Tong

(9) 집게(Tong)

뜨거운 음식을 집을 때 사용한다.

Meat Mallet

(10) Meat Mallet(고기 연육망치)

고기를 부드럽게 하기 위해 넓게 펴거나 두드릴 때 사용한다.

Egg Slicer

(11) 달걀 슬라이서(Egg Slicer)

삶은 달걀을 일정한 모양으로 자를 때 사용하며 사용 후에 반드시 깨끗이 씻어놓는다.

Kitchen Scissors

(12) 주방용 가위(Kitchen Scissors)

(13) 계량기구

계량컵, 저울, 계량스푼

Measuring Cup

Scale

Measuring Spoon

Colander

(14) 코랜더(Colander)

채소, 파스타의 물기를 제거할 때 사용한다.

(15) 소창(Cheesecloth)

부드러운 소스를 짜거나 향신료 주머니를 만들 때 사용한다.

Cheesecloth

(16) 스키머와 스파이더(Skimmer and Spider)

뜨거운 음식을 건져낼 때 사용한다. 스파이더는 주로 튀김을 건질 때 사용한다.

Skimmer   Spider

(17) 믹싱볼(Bowls for Mixing)

밑이 둥글어서 재료를 쉽게 볼 수 있도록 되어 있다.

Bowls for Mixing

(18) 체(Sieve)

눈금이 큰 것과 작은 것 두 가지를 사용하는 것이 좋다. 큰 것은 채소의 퓌레를 만들거나 채소의 줄기 제거용으로, 작은 것은 소스 거름용으로 사용한다.

원뿔체   드럼체   원형체

3. 서양조리의 계량

1) 계량이란

정확한 계량은 재료의 낭비를 줄이고 과학적인 조리를 위한 기초가 된다. 즉 반복하여 조리할 때 실수를 덜하게 되며 보다 빨리 숙련된 기능을 익히는 데 도움이 된다.

계량단위, 계량환산법

teaspoon = ts	**미터법 : 우리나라와 일본**
tablespoon = Ts	5ml = 1ts
cup = C	15ml = 1Ts
pint = pt	200ml = 1C
quart = qt	
gram = g	**도량형 : 미국과 영국 등 유럽**
kilogram = kg	5cc = 1ts
milliliter = ml	15cc = 1Ts
liter = ℓ	1TS = 3ts
ounce = oz	240cc = 1C
fluid ounce = fl oz	1pt = 2C
pound = lb	1qt = 4C
dash = 1/8 teaspoon	1gal = 16C

계량은 중량(그램, 온스, 파운드)이나 체적(티스푼, 컵, 쿼터, 파인트, 갤런)을 사용할 수 있으며 저울을 사용하여 중량으로 계량하는 것이 체적보다 정확하다. 그러나 대부분의 레시피(Recipe)에서는 계량기구가 간단하고 손쉽게 계량할 수 있으므로 중량보다는 체적으로 계량하고 있다. 재료를 체적으로 정확하게 계량하려면 알맞은 계량기구를 올바른 방법으로 사용하는 것이 무엇보다 중요하다. 특히 제빵이나 제과의 경우에는 현저한 차이를 나타낸다.

(1) 계량스푼

소량의 재료를 계량하는 용도로 사용하며 1Ts과 1ts이 많이 사용된다.

(2) 계량컵

계량컵은 액체용과 고체용이 있다. 액체용은 투명한 플라스틱이나 파이렉스로 되어 있으며 재료를 눈높이로 들고 재어야 한다. 고체용은 버터, 설탕, 밀가루를 주로 계량하며 재료에 따라 계량방법을 달리한다. 고체지방(버터, 마가린, 쇼트닝)은 실내온도에 둔 다음 용기 속에 공기가 없도록 채워서 칼등으로 깎아 계량한다.

설탕은 숟가락으로 저은 다음 가볍게 담아 칼등으로 깎아낸 후에 계량한다.

밀가루는 체에 쳐서 컵에 넘칠 정도로 부은 다음 칼등으로 깎아낸 후에 계량한다.

2) 온도

조리 시의 온도를 측정하기 위한 기구이다. 식품 내부의 온도를 측정할 수 있는 송곳 온도계와 온도를 잴 수 있는 튀김온도계, 일반온도계가 있다. 보통 섭씨(℃)로 표시되어 있지만 화씨(℉)로 표시되어 있는 기구도 있다.

화씨를 섭씨로 변환하는 방법은 다음과 같다.

온도 변환 방법

$$섭씨(℃) = (℉ - 32)/1.8$$

$$화씨(℉) = ℃ \times 1.8 + 32$$

---

4. 식재료의 이해

1) 양식 식재료

(1) 육류(Meat)

육류란 포유동물의 가식부를 말하며 쇠고기(Beef), 송아지고기(Veal), 돼지고기(Pork), 양고기(Mutton), 어린 양고기(Lamb) 등이 이에 속한다. 육류의 조직과 성분 및 맛은 부위에 따라 각각 그 특성이 있으므로 계획한 요리의 용도에 알맞은 것을 선택해야 한다.

㈎ 소고기

머리, 내장을 제거한 상태를 지육(Carcass)이라 하며, 척추를 중심으로 좌우 이등분하면 반쪽(Half)이라 한다. 이것을 다시 12번째와 13번째 갈비 사이를 갈라 4등분하였을 때 앞다리 부위를 전위(Fore Quarter)라 하고, 뒷다리 부위를 후위(Hind Quarter)라고 한다.

안심

이렇게 4부분으로 나누는 것은 소의 무게가 너무 무거워 옮기기 힘들기 때문이다. 소의 지육의 무게는 약 220kg(400kg의 식육부에서)으로 40%는 뼈로 구성되어 있다. 또한 소고기는 부위별로 육질의 차이가 현저하여 각기 다른 특성의 요리를 만들 수 있으므로 그 특성에 알맞은 조리를 해야 한다.

등심

소고기의 부위는 크게 그림과 같이 나눌 수 있다. 다음의 그림은 기본적인 덩어리로 분리하는 방법이다. 소고기를 구분할 때에는 뼈의 위치를 대단히 중요하게 생각하는데, 이는 작업구분과 육질을 구별하는 기준이 되기 때문이다. 즉 기본적인 사용용도에 따라 어깨살(Chuck), 갈비살(Rib), 앞등심(Short Loin), 뒷등심 혹은 채끝등심(Sirloin), 엉덩이살(Round), 뒷양지살(Frank), 앞양지살(Plate와 Brisket), 앞다리살(Foreshank)로 구분한다.

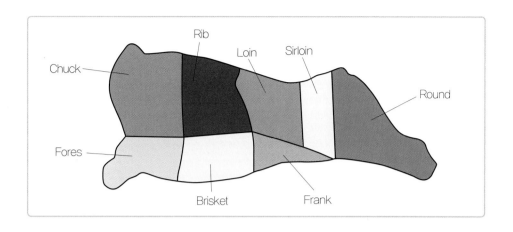

(나) 돼지고기(Pork)

돼지고기는 활동을 많이 하지 않기 때문에 쇠고기보다 결합조직이 적어 육질은 부위에 따른 차이가 적고 고기는 연하며 지방함량이 많다. 위생상 주의할 점은 선모충 등의 기생충병에 감염될 위험성이 있기 때문에 내부온도가 85℃ 이상 되게 해서 충분히 가열한다.

Pork

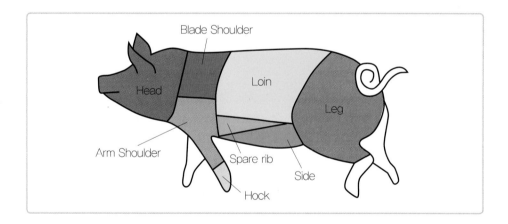

(다) 닭고기(Chicken)

부위	특색
통닭	1,100~1,300g의 것은 어느 부분이나 부드럽고 연하다.
다리살	운동을 많이 하는 부위라 색이 붉고 즙과 기름기가 많아 맛이 좋다.
윗다리	색이 붉고 즙과 기름기가 많아 맛이 좋다.
가슴살	색이 희고 기름기가 전혀 없어 빽빽하고 맛이 담백하다.
안심	가슴살 안쪽에 있으며 육질이 부드럽다.
날개	운동을 많이 한 부분이라 살은 적으나 지방과 콜라겐이 많고 즙이 많아 맛이 좋다.
등과 목	등 부분은 살은 적으나 지미성분이 많다.

Chicken

(2) 어패류(Fish & Shellfish)

어패류의 종류는 약 19,000종이나 되나 실제로 식용하는 것은 200여 종이고, 그 중에서도 조리에 이용되는 것은 극히 제한되어 있다. 어패류는 수·조육에 못지않은 우수한 단백질 공급원이며, 특히 라이신(Lysine)의 함량이 많다. 어패류는 수·조육 류보다 결합조직이 적어 조직이 연하지만 부패하기 쉬우므로 위생적으로 취급해야 한다.

Sole

(가) 가자미(Sole)

Flat Fish 종류는 생선살이 희고 지방이 적으며 부드럽고 풍미가 있다. 육질이 부드럽고 살(Flat)의 두께가 얇아 공기 접촉으로 쉽게 마르고 부패되기 쉬우며 조리 시 살이 잘 부서지므로 주의해야 한다. 또한 모양은 납작하며 타원형이고 두 개의 눈이 한 면에 붙어 있다.

Cod Fish

(나) 대구(Cod)

지방이 적고 풍미가 있으며 생선살이 크다. 미국에서 가장 많이 사용하는 생선살 로 생선살만 이용하는 음식에 거의 사용된다.

Tuna

(다) 참치(Tuna)

지방이 적고 풍미가 있으며 생선살이 크다.

Salmon

(라) 연어(Salmon)

핑크색에서 붉은색의 생선살이 있고 육류의 촉감과 풍미를 가지고 있다. 주로 훈 제하거나 통조림으로 사용된다.

(마) 갑각류(Crustacean)

갑각류는 딱딱한 외피로 마디마디를 형성하고 있으며, 외피 속에 연한 근육 이 있다. 딱딱한 각피 속에 연한 살로 되어 있으며 종류로는 새우(Shrimp), 홍합 (Mussel), 소라(Top Shell), 가리비(Scallop) 등이 있다.

Shrimp   Mussel   Scallop

(3) 채소류

채소류에는 비타민과 무기질이 풍부하게 들어 있으며 수분과 섬유질이 많아 소화기에 적당한 자극을 주어 소화를 촉진하고 정장작용을 한다.

또 다른 식재료와 달리 아름다운 색소나 독특한 향기와 맛, 독특한 질감이 있어 외관상 아름다우며 식욕증진에 도움이 된다. 채소의 조리 시에는 이들의 특성을 살릴 수 있도록 고려하여야 한다. 채소류는 보관 중에도 효소의 작용, 호흡, 수분증발, 유기산을 축적해 점차 질과 선도가 저하되므로 어둡고 온도가 낮으며 습도가 높은 곳에 보관한다.

(가) 감자(Potato)

Potato

전분과 당분 함량은 저장온도에 따라 변하는데 10℃ 이하의 찬 곳에 저장하면 Amylase와 Maltse가 작용하여 전분이 분해되어 당분으로 변한다. 당분이 증가된 감자는 단맛이 나지만 수분이 많아 삶거나 구우면 물컹한 질감을 주므로, 전분의 분해를 막으려면 10℃ 이상의 시원한 실온에 저장하는 것이 좋다.

(나) 양파(Onion)

Onion

페르시아, 아프가니스탄이 원산지인 양파는 향기와 맛으로 세계 각국에서 애용되고 있고 모양·종류도 여러 가지이며 백색·황색·자색 등이 있다. 양파에는 용해성 당분의 양이 많아서 단맛이 있고, 신선한 양파는 비타민 C의 함량도 높으며 크기가 작은 것에 더욱 많이 들어 있다. 샐러드·수프·피클·볶음·튀김으로 이용하고 건조시켜서 분말로 만들거나 얇게 채썰어서 양념으로 사용하기도 한다.

(다) 대파(Leek)

Leek

잎의 생김새가 마늘 같지만 마늘보다 두껍고 짙은 녹색이다. 줄기 부분은 흰색으로 살집이 깊고 풍부하다. 소스나 스톡의 기초재료로 사용된다.

(라) 오이(Cucumber)

Cucumber

오이는 여러 종류가 있으며 식용으로는 완전히 성숙하지 않은 어린 열매를 사용한다. 완숙된 오이는 껍질색이 노랗고 속의 씨가 영글어서 식용으로 쓰기에는 적당치 않다. 샐러드·피클 등에 이용된다.

㈎ 붉은색 파프리카, 노란색 파프리카, 홍피망, 청피망

고추는 종류도 다양하지만 크기·모양·매운맛 성분의 유무 등에 의해서도 분류된다. Garden Pimento는 종 모양으로 Bell Pimento라고도 하고, 감미를 띠고 있으므로 Sweet Pimento라고도 한다.

Red Pimento

Green Pimento

Yellow Paprika

Celery

㈐ 셀러리(Celery)

셀러리는 잎사귀보다 줄기부분을 식용으로 하고 있다. 수분함량이 다른 채소보다 높을 뿐만 아니라 독특하고 진한 향미성분이 있어 샐러드, 볶음, 수프, 스튜, 전채요리 등에 다양하게 사용된다.

White Cabbage

㈑ 양배추(Cabbage)

양배추는 잎사귀가 구형을 이루면서 싸여 있는데 종류에 따라 모양이 약간씩 다르다. 양배추는 색에 의하여 녹색이 좀 진한 Green Cabbage와 연한 색의 White Cabbage, 적자색의 Red Cabbage로 나누어지며 White Cabbage는 샐러드·사워크라우트·볶음에 이용되며 Green Cabbage는 익혀 먹는 요리에, Red Cabbage는 샐러드나 피클에 이용된다.

Lettuce

㈒ 양상추(Lettuce)

상추는 독특한 질감이 있어서 생식한다. 상추에는 Butter Head Lettuce, Iceberg Lettuce, Romaine Lettuce(Cos Lettuce), Oak Leaf Lettuce 등이 있다. 종류마다 잎의 모양과 맛에서 약간 차이가 있어 쓰이는 곳이 조금씩 다르지만 보통은 샐러드에 이용된다.

Green Chicory

㈓ 치커리(Chicory)

Curly Endive라고도 하며 약간 쓴맛이 나는 잎채소이다.
주로 샐러드에 사용된다.

㈐ 시금치(Spinach)

시금치는 여러 종류가 있는데, 우리나라의 재래종처럼 뿌리부분의 밑동은 붉은색을 띠고 있으나 잎사귀는 조금 더 큰 French Spinach가 일반적으로 널리 알려져 이용되고 있다. 생잎을 샐러드에 쓰기도 하고 통조림을 만들거나 냉동저장하여 계절에 관계없이 항상 사용할 수 있다.

Spinach

㈓ 토마토(Tomato)

토마토는 익으면 대개 붉은색을 띠는데 어떤 종류는 황색인 것도 있다. 토마토는 줄기에서 완전히 익은 것을 따기도 하나 덜 익은 것을 따서 수송과 저장하는 동안에 후열시켜 시판하기도 한다. 그러나 후열시킨 토마토는 처음부터 덩굴에서 익혀 딴 것보다 색·조직·맛이 떨어진다.

Tomato

㈔ 완두콩(Green Pea, 껍질콩 - String Bean)

씨가 여물기 전의 부드러운 꼬투리를 수확하여 요리에 사용한다. 다른 채소보다 단백질이 풍부하고 당질이나 섬유질의 함량이 많아 육류와 곁들여 많이 사용한다.

String Bean

(4) 우유(Milk) 및 유제품(Milk Products)

㈎ 생크림(Fresh Cream)

우유를 가만히 두면 상부에 지방이 떠오르게 되는데 그것을 Cream층이라 한다. 큰 지방구는 작은 지방구보다 빨리 상층에 떠올라 풍부한 Cream층을 형성한다.

Fresh Cream

㈏ 버터(Butter)

버터란 신선한 우유나 사워크림(Sour Cream)에서 지방만을 모아 굳힌 것을 말한다. 버터 안에는 지방의 함량이 80%이고 그 외에 물, 기타, 비타민 등이 20% 들어 있다. 버터의 종류로는 크림에 소금을 넣지 않고 그대로 만든 상태의 질이 좋은 Sweet Butter와 소금을 가미해서 만들어진 Salt Butter, 부드럽게 만들어진 Processed Butter 등이 있다.

Butter

㈐ 우유(Milk)

우유는 영양소가 고루 함유되어 있는 합리적인 영양식품으로 우리나라에서도 소비량이 날로 증가되고 그 이용범위도 상당히 넓어지고 있다. 세균이 번식하기 쉬운 식품이므로 보존이 까다로운데, 반드시 5℃ 이하의 찬 곳에 보관하며 비타민 B군의

Milk

손실을 막기 위하여 직사광선은 피한다. 냉장고에 넣어 두더라도 3일 이상은 넘지 않도록 해야 안전하다.

Cheese

㈣ 치즈(Cheese)

치즈란 우유 또는 유청을 레닛(Rennet)이나 유산으로 응고시켜 카제인 지방을 모은 다음, 소금과 조미료를 섞어 만든 것이다. 만드는 방법은 세계의 각국마다 다르며 그 종류 또한 다양해 500종 이상이나 된다. 또한 치즈는 경도에 따라서 크게 연질치즈 · 경질치즈 · 반경질치즈의 3종류로 분류할 수 있다.

Parmesan Cheese

㈤ 파마산 치즈(Parmesan Cheese; 파르미자노)

파마산은 모든 이탈리아 치즈 중에서 가장 잘 알려진 것으로 '레자노'라고 불리는 매우 딱딱한 대표적인 초경질치즈이다. 파스타나 리조토 등에 들어가며 녹아도 실같이 끈적이지 않기 때문에 요리에는 이상적이라고 할 수 있다.

덩어리로 파는 파마산 치즈는 옆은 노랗고 미세한 벌집 모양이다. 북부 볼로냐 주변에서 생산되고 있는데, 이탈리아의 에밀리아로마냐(Emilia Romagna) 지방에서 만든 제품만이 공식적인 이탈리아 파마산 치즈이다.

3~4년 숙성시킨 향이 풍부한 치즈이고 갈아서 분말치즈로 파스타나 그라탱에 넣는 등 다양한 요리에 사용되고 있다. 소화가 잘 되고 단백질과 칼슘도 풍부하다. 이탈리아에서 이 치즈의 일반적인 Grana는 4년 된 것인데, 당연히 값 또한 비싸다. 큰 덩어리의 파마산 치즈는 냉장고에 랩 또는 호일로 2~3겹 싸서 보관한다.

(5) 조미료(Seasonings)

Salt

㈎ 소금(Salt)

소금은 음식의 맛을 내는 데 가장 기본적인 조미료로 짠맛을 낸다. 소금의 종류는 호렴 · 재염 · 식탁염 · 맛소금 등으로 나눌 수 있다.

Vinegar

㈏ 식초(Vinegar)

식초는 신맛을 내는 조미료이다. 신맛은 음식에 청량감을 주고 생리적으로 식욕을 증가시키고 소화액의 분비를 촉진시켜 소화 · 흡수도 돕는다. 식초의 종류는 크게 양조식초, 합성식초, 혼성식초로 나눌 수 있다. 그중 양조식초는 곡물이나 과실을 원료로 하여 발효시켜 만든 것으로 각종 유기산과 아미노산이 함유된 건강식품이다.

합성식초는 석유로부터 에틸렌을 만들어 이를 합성하여 빙초산을 만들어 물로 희

석하여 식초산이 3~4%가 되도록 한 것이다. 이는 양조식초와 같이 온화하고 조화를 이룬 감칠맛이 없다. 혼성식초는 합성식초와 양조식초를 혼합한 것으로 시중에 이러한 제품이 많다.

㈐ 설탕(Sugar)

설탕은 단맛을 내는 조미료로 가장 많이 쓰이는데, 우리나라에서는 고려시대에 들어왔으나 구하기가 어려워 일반에게는 널리 쓰이지 못하였다. 당밀분을 많이 포함한 흑설탕과 황설탕보다 정제도가 높은 백설탕이 단맛이 가볍다. 같은 백설탕이라도 결정이 큰 것이 순도가 높으므로 산뜻하게 느껴진다. 단맛이 강한 정도는 흑설탕 · 황설탕 · 백설탕 · 그래뉴당 · 모래설탕 · 얼음설탕의 순이다.

Sugar

㈑ 캔 토마토(토마토 홀, Tomato Whole)

토마토의 씨와 껍질을 제거하여 가공한 것이다.

Tomato Whole

㈒ 토마토 페이스트(Tomato Paste)

이중 냄비에 버터를 녹인 다음 토마토 퓌레와 황설탕, 파프리카, 소금 등을 넣어 물기 없이 되직하게 졸인 것이다.

Tomato Paste

㈓ 토마토케첩(Tomato Ketchup)

토마토 퓌레와 페이스트에 여러 가지의 향신료, 조미료, 특히 소금, 설탕, 식초를 넣어 조린 것이다.

Tomato Ketchup

㈔ 마요네즈(Mayonnaise)

프랑스 요리에서 사용하는 소스의 일종으로, 식용유, 식초, 달걀을 주재료로 하는 반고체형 드레싱이다. 일반적으로 샐러드 등에 뿌려먹으며, 최근에는 조미료로 이용되어 각종 요리에 폭넓게 이용되고 있다. 영어로는 Mayo(메이요)라고 줄여 부르기도 한다.

원래는 노른자만 이용한 마요네즈를 만드나, 시판제품은 흰자까지 모두 사용한다.

Mayonnaise

㈕ 우스터소스(Worcestershire Sauce)

채소 · 향신료(고추 · 육계 · 후추 · 육두구 · 샐비어)를 삶은 국물에 소금 · 설탕 · 빙초산, 기타 조미료를 첨가하는 식탁용 소스이다. 1850년경부터 영국의 우스터시(市)에서 판매되었기 때문에 이러한 이름이 붙었다. 병조림 소스로서 장기간 보존할 수 있으므로 식탁용 조미료로 널리 보급되었고, 일반적으로 소스라 하면 거의 이것

Worcestershire Sauce

을 가리킬 정도가 되었다.

Hot Sauce

㈜ 핫소스(Hot Sauce)

톡 쏘는 향과 매운맛이 나는 소스. 대표적인 것으로 멕시코 타바스코 지방의 작고 매운 붉은 고추로 만든 타바스코소스가 있다. 타바스코소스는 1868년 미국의 에드먼드 매킬레니가 상품화하였다. 매킬레니는 타바스코 씨를 얻어다 심은 후에 잘 익은 것을 참나무통에 보관해 두었는데 어느날 타바스코가 발효하면서 향을 내자 여기에 소금과 식초를 넣고 3년 이상 발효시켜 소스를 만들었다.

그 밖에 첫맛은 부드럽지만 뒷맛이 매콤한 케이준소스와 살사소스·바비큐소스 등도 핫소스에 속한다.

2) 허브(Herb)와 스파이스(Spice)

(1) 개요

음식의 맛과 향, 색을 내기 위해 사용하는 초본성 식물을 허브(향신채)라 하고, 이 향신채의 뿌리, 수피(樹皮), 잎, 과일 및 종자를 건조시킨 모든 식물성 재료를 스파이스(향신료)라고 한다. 이러한 향신채는 일반적으로 영양가가 높을 뿐만 아니라 독특한 맛이 있어 양은 적게 들어가도 서양음식을 만들 때 빼놓을 수 없는 재료이다.

바질과 타라곤, 로즈마리 등은 올리브오일과 같은 식물성 기름에 넣어 저장하기도 하는데, 이렇게 향신채가 들어간 기름은 맛이 색달라 바비큐나 샐러드 드레싱으로 사용된다.

또 예쁜 병에 넣고 식초를 채워서 허브 식초(Herb Vinegar)를 만들기도 한다. 허브 식초는 매일 흔들어서 만든 지 3주일이 지나면 사용할 수 있다. 허브 식초를 만드는 데 사용하기 알맞은 재료로는 바질, 딜, 박하, 마조람, 로즈마리, 타라곤 등이 있다. 이 중에서 로즈마리나 박하로 만든 허브 식초가 과일 샐러드에 제격이다.

서양요리에는 향신채가 많이 곁들여지곤 하는데, 특히 프랑스의 모든 고기요리에는 누린내를 없애기 위해 사용된다. 육류의 종류에 따라 어울리는 향신채도 각기 다르다.

샐러드의 종류가 어떻든 간에 필수적으로 들어가는 드레싱에도 다양한 향신채가 사용된다. 첨가되는 향신채의 종류는 식성이나 기호에 따라 다를 수 있기 때문에 우리나라 집집마다 장맛이 다르듯, 유럽에서는 드레싱에 들어가는 향신채가 그 집안의 손맛을 대변해 주기도 한다.

향신료는 크게 세 가지 목적으로 이용된다. 첫째, 음식에 향과 색을 내기 위해서 쓰이고, 둘째, 향신채의 잎, 꽃, 뿌리를 끓여 만드는 허브차로 이용된다. 마지막으로 소화 촉진, 감기 치료 등 민간약재로도 널리 사용된다.

(2) 종류

• 월계수잎(Bay Leaf)

Bay Leaf

로렐(Laurel)이라고도 불린다. 소스나 스튜의 방향제로 쓰이며 피클에는 필수적이다. 월계수잎은 달콤한 맛과 쓴맛이 어우러진 맛이 나며 자극적이다. 보통 말린 잎을 쓰지만, 생잎을 손으로 뜯어 음식에 넣기도 한다.

• 바질(Basil)

Basil

토마토와 잘 어울려 토마토요리에는 반드시 첨가된다. 스파게티, 피자, 육류요리, 버섯요리, 닭과 달걀요리 등과도 잘 어울린다. 너무 큰 잎은 향기가 강하기 때문에 어린 잎을 사용하는 게 좋다. 말려 가루로 쓰거나 신선한 잎을 그대로 사용한다.

• 로즈마리(Rosemary)

Rosemary

바늘같이 생긴 뾰족한 잎으로, 상쾌한 향을 지녔지만 맛은 약간 맵고 쓴 편이다. 닭 튀김, 잼, 수프 등에 사용하는데 양고기나 돼지고기, 닭고기와 함께 쓰면 고기의 누린내 제거에 효과가 있다. 우스터소스의 향을 내는 주성분의 하나이다.

• 파슬리(Parsley)

Parsley

잎을 잘게 다져 샐러드, 스튜, 파스타, 고기 소스 등에 뿌려 사용한다. 특히 마늘 냄새를 없애는 효과가 있어 마늘이 들어가는 요리에 같이 사용하면 좋다. 물을 뿌려 비닐 주머니에 담아 냉장고에 넣어두면 싱싱하게 보관할 수 있다.

• 타임(Thyme)

Thyme

톡 쏘는 듯한 자극적인 향을 갖고 있다. 방부, 살균력을 지니고 있기 때문에 햄, 소시지, 케첩, 피클 등 저장식품의 보존제로도 쓰인다. 스튜, 수프, 토마토소스 등 오랜 시간 조리하는 요리에 주로 쓰인다.

• 머스터드(Mustard)

Mustard

겨자의 매운맛은 가수분해에 의하여 생기는 것으로, 따뜻한 물에 녹이면 효소 활성이 강해져 매운맛도 증가한다. 씨는 그대로 소시지, 피클, 인도 요리에 사용되고,

조미된 것은 샌드위치, 샐러드, 스테이크 등에 사용된다. 향이 장기간 보존되기 어렵다는 것이 단점이다.

• 후추(Pepper)

Pepper

매운맛을 내주는 향신료의 대표격이다. 검은 후추가 흰 후추보다 매운맛이 강하다. 고기나 생선의 누린내, 비린내를 없애주며 미각을 자극해 식욕증진의 효과도 있다. 후춧가루보다 갈지 않은 통후추가 더 매운맛이 난다.

• 계피(Cinnamon)

Cinnamon

서양요리에서 3대 향신료의 하나인 계피는 상쾌한 청량감, 고상한 향기, 달콤한 맛이 특징이다. 화채, 도넛, 푸딩, 콜라, 각종 빵류, 음료, 아이스크림 등에 주로 사용된다.

• 사프란(Saffron)

Saffron

실고추와 생김새가 흡사한 사프란은 음식에 노란 물을 들이는 식용색소로, 케이크 및 쌀요리의 향신료로도 사용된다. 또 버터와 치즈, 비스킷 등에서 독특한 냄새와 색깔을 낼 때 쓰인다.

• 타라곤(Tarragon)

Tarragon

맛이 복잡미묘한 향신료이다. 증류과정을 거쳐 얻은 성분은 술, 가공식품 분야에 널리 사용되고, 화장품 향료로도 쓰인다. 너무 많이 넣으면 향이 지나쳐 오히려 음식 맛을 그르칠 수 있으므로 적당히 넣는 것이 중요하다. 소스, 샐러드 드레싱, 수프의 맛을 내는 데 사용된다.

• 오레가노(Oregano)

Oregano

피자소스의 주된 향으로, 오일 & 비네거 샐러드 드레싱이나 앤초비요리, 해산물 요리 등에 많이 넣는다. 향긋한 향과 매운맛, 약간의 쓴맛이 난다.

• 딜(Dill)

Dill

향긋한 향이 특징이다. 장시간 가열하면 향이 없어지므로 요리가 다 되었을 때 넣어야 한다. 크림치즈나 오믈렛, 해산물요리, 피클, 빵, 케이크, 쿠키, 커리, 샐러드 등에 사용한다.

• 넛멕(Nutmeg)

Nutmeg

달고 자극적인 향과 쌉쌀한 맛이 있다. 육가공품, 생선요리, 빵, 과자 등을 만들 때 주로 넣는다.

- 세이지(Sage)

강한 향을 지니고 있다. 지방성분을 분해시키므로 기름기 많은 육류의 냄새 제거에 이용한다. 소시지, 수프, 생선요리에 주로 사용한다.

Sage

- 마조람(Majoram)

오레가노와 비슷한 종류로 더 섬세하고 우아한 맛을 지니고 있다. 잎과 줄기를 함께 잘라서 샐러드, 콩요리, 생선요리, 수프 등에 넣어 맛을 낸다. 잎에는 많은 철분과 칼슘, 비타민 A와 C가 들어 있다. 마조람의 깊은 맛을 살리기 위해서는 요리가 다 되었을 즈음에 넣어야 한다. 대개 신선한 것보다 가루를 많이 쓴다.

Majoram

- 아니스(Anise)

맛이 강하고 달콤한 편이다. 빵이나 쿠키, 해산물요리와 수프, 스튜에 많이 사용된다. 신선한 잎을 가볍게 이겨서 음식에 넣으면 특유의 풍미를 더욱 진하게 느낄 수 있다.

Anise

- 호스래디시(Horseradish)

매콤한 맛을 가지며 주로 생선요리에 사용한다.

Horseradish

5. 스톡과 소스

1) 스톡

(1) 스톡(Stock)이란

우리말로 육수라고 할 수 있으며 수프와 소스의 기본이며 모든 요리의 맛을 좌우한다. 능숙한 주방장은 스톡을 잘 만들 수 있어야 하며 스톡을 생산하기 위해서는 여러 가지 요인이 작용되나 몇 가지 원칙과 기본을 알고 있어야 한다. 육류(살코기나 뼈), 향신채소(Mire Poix), 향신료(Aromatics)를 주재료로 사용하는 스톡은 주재료에 따라 Beef Stock, Fish Stock, Chicken Stock, Game Stock으로 분류되며 재료 자체의 깊은 맛을 충분히 우려내야 한다.

(2) Stock의 기본재료

결합조직과 연골에는 콜라겐(Collagen)이란 단백질이 많이 들어 있다. 콜라겐에 물과 열을 가하면 젤라틴이라는 변성단백질을 얻을 수 있으며, 젤라틴은 스톡의 윤기와 풍미에 관여한다.

뼈(Bone)나 고기(Meat)
채소(Mirepoix)
향신료(Aromatics)
물(Cold Water)

(가) 뼈(Bone)

스톡에서 가장 중요한 재료는 뼈로 스톡의 맛과 풍미, 색을 좌우한다. 뼈에 연골(Cartilage), 결합조직(Connective Tssue)의 양이 많을수록 스톡의 윤기와 풍미를 주는 젤라틴(Gelatin)이 많아져 좋은 스톡을 얻을 수 있다.

Beef Bone

① 소뼈(Beef or Veal Bone)

소뼈는 어릴수록 콜라겐의 함량이 많다. 8~10㎝로 잘라서 사용한다. 소뼈의 젤라틴이 가장 많은 곳은 도가니뼈(Knuckle Bone)이다.

② 닭뼈

목과 등뼈가 좋다.

③ 생선뼈

바다 밑에서 사는 몸통이 납작한 생선(Flat Fish: 넙치, 가자미)이 적당하다. 지방이 많은 생선(Oily Fish: 연어, 고등어, 청어)은 사용하지 않는다.

㈏ 미르포아(Mirepoix)

스톡의 향과 맛을 돋우기 위해 양파, 당근, 셀러리를 2 : 1 : 1의 비율로 섞어 볶아서 준비하는 것이다. 채소의 겉껍질 쪽이 향이 풍부하므로 될 수 있는 대로 깨끗하게 씻어서 껍질째로 사용한다. 브라운 스톡의 경우에는 양파를 껍질째 씻어 쓰면 색깔이 더 짙어지며 향미가 좋다.

채소의 모양은 신경쓰지 않아도 되지만 써는 크기는 끓이는 시간에 따라 다르게 썬다. 즉 Veal, Beef Stock은 2~5㎝ 크기로 썰고 Chicken이나 Fish Stock의 경우에는 빠른 시간 내에 국물을 우려내야 하므로 0.25~1㎝ 크기로 작게 썬다.

㈐ 향신료(Aromatic)와 조미료(Seasoning)

Garlic 향신료는 주로 부케가니 또는 향신료주머니를 만들어 첨가하며 조리를 시작할 때 넣는다. 혹은 한 번 끓고 떠오르는 거품을 걷어낸 후에 첨가하기도 한다.

향신료의 종류는 주재료의 종류에 따라 약간씩 달라진다. 일반적으로 간을 하지 않는다.

㈑ 물

찬물을 사용하며 반드시 재료가 완전히 잠기도록 물을 붓는다.

㈒ 그릇

밑면적보다 높이가 높은 그릇을 사용한다(Marmite, Stock Pot).

㈓ 산의 첨가(Acid Products)

산을 첨가하면 결합조직을 용해하고 뼈의 풍미를 추출하는 데 도움이 된다. 주로 토마토 제품(Tomato Products)을 사용한다.

> **Stock에 주로 사용되는 향신료**
> Thyme
> Bay Leaves
> Peppercorns
> Parsley Stems
> Clove Whole

(3) 스톡 끓일 때의 주의점

스톡은 여러 종류가 있으나 끓이는 기본원리는 다음과 같으며 반드시 숙지하고 지켜야 고유한 맛이 충분히 우러나고 원하는 색상과 맑은 스톡을 얻을 수가 있다.

⑦ 고기나 뼈를 잘 선택해야 한다.

육류는 운동을 많이 하는 부분에 콜라겐이 많으므로 끓였을 때 젤라틴이 많아서 스톡에 윤기가 난다. 즉 도가니, 사태 다리뼈, 스지가 좋다.

⑭ 끓이기 전에 뼈의 피와 불순물을 제거한다.

뼈의 피와 불순물을 제거하기 위하여 찬물에 충분히 담갔다가 데치는 방법이 있다. 주방장에 따라 데치지 않는 것이 좋다고 하는 사람도 있으나 끓이기 전에 충분히 핏물을 제거하는 것이 좋다.

⑭ 찬물로 끓이기 시작한다.

찬물은 식품에 있는 맛, 향 등 요리의 질을 향상시키는 식품의 성분을 잘 용해시켜 준다. 또한 찬물로 끓여야 남아 있는 핏물이 떠오르게 되므로 쉽게 걷어낼 수 있다.

만약 뜨거운 물로 스톡을 끓이면 불순물이나 피가 빨리 응고되어 떠오르지 않고 국물 속으로 퍼져 탁하게 된다. 물을 부을 때에는 뼈가 완전히 잠길 정도로 부어야 한다. 뼈가 공기 중으로 나오게 되면 지미성분이 추출되지 않을 뿐만 아니라 뼈의 색깔이 공기와의 접촉으로 변색된다.

⑭ 거품 및 불순물을 제거해야 한다.

스톡을 끓이면 처음 끓어오를 때 불순물이 가장 많으므로 이때 스키머(Skimmer)로 제거한다. 끓는 도중에도 계속해서 걷어낸다. 뼈 속의 불순물과 피를 제거해야 스톡의 색이 깨끗하고 맑게 된다.

⑭ 불 조절에 유의한다.

불 조절을 잘 하여야 재료의 향과 맛이 잘 우러나온다. 스톡을 끓이는 데 있어서 무엇보다 중요한 것은 불 조절이다. 처음에는 끓는 온도까지 센 불로 끓이다가 스톡이 끓어오르면, 즉 100℃가 되면 떠오르는 거품을 걷어낸 뒤 중간불(85℃~97℃)로 은근하게 계속해서 끓여야 한다. 즉 스톡의 수면에 거품이 한두 방울씩 터지면서 조용하게 움직이는 정도의 불 조절을 한다(Simmering).

㈐ 끓이는 도중에 거품을 수시로 제거해야 한다.

거품 제거는 혼탁도를 줄일 수 있는 매우 중요한 방법이다. 특히 처음 스톡을 가열시켜 끓을 때 생기는 거품과 지방, 기타 불순물을 완전히 제거하여야 하며 끓이는 도중에도 수시로 거품을 제거하여야 한다.

향신료와 채소는 첫 거품 제거작업이 끝난 다음에 넣어주면 좋다(생선스톡과 같이 빨리 끓이는 것은 처음부터 넣는다).

㈐ 스톡을 거른다.

스톡이 완성되면 빨리 걸러내야 한다. 걸러내기 전에 표면에 떠 있는 기름과 불순물을 될 수 있는 대로 깨끗하게 걷어내고 원뿔체(China Cap)에 소창을 여러 장 깔아서 거른다.

2) 소스

(1) 5가지 모체소스(Sauce)

소스는 서양요리에서 맛과 색상을 부여하여 식욕을 증진시키고, 재료의 첨가로 영양가를 높이며, 음식이 요리되는 동안 재료들이 서로 결합되게 하는 역할을 한다. 소스는 요리의 맛과 형태, 그리고 수분의 함유 정도를 결정하기 때문에 서양요리에서 대단히 중요하다. 소스의 어원은 라틴어의 'sal'에서 유래하였으며, 이는 소금을 의미한다.

소스는 수백 종에 이르나 기본적으로 크게 5가지로 나누어 베샤멜(Bechamel), 벨루테(Veloute), 에스파뇰(Espagnole), 토마토(Tomato), 홀랜다이즈(Hollandaise) 등 5가지 모체소스로 나눈다.

소스 사용 시 주의할 점은 소스가 요리의 맛을 압도하는 향신료 냄새가 나면 안 되고 소스의 농도가 너무 묽으면 원래 요리의 맛을 떨어뜨릴 수 있다는 것이다. 소스 농도의 기본은 크림 농도가 좋고, 소스의 색은 윤기가 나야 하며, 덩어리지는 것 없이 주르르 흐르는 정도가 이상적이다.

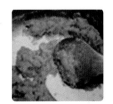

㈎ 농후제(Liaison)의 종류

농후제는 소스나 수프에 첨가함으로써 젤라틴화와 맛을 증가시켜 주는 첨가식품이라 할 수 있다.

가장 많이 사용되는 농후제로는 루(Roux), 전분(Starch), 베르마니(Beurre Manie), 달걀(Egg) 등이 있다.

① 루(Roux)

루는 서양요리에서 대표적인 농후제로 쓰이고 있다. 루는 밀가루에 버터, 오일(Oil), 돼지기름 등을 넣고 열을 가한 다음 지방성분이 밀가루의 성분 하나하나에 싸여 쉽게 풀어지고 서로 엉기는 것을 방지하는 조리방식을 사용한 과학적인 농후제이다.

일반적으로 보통 버터를 이용하며, 정제버터를 사용하면 맛이 더 고소하다. 버터와 밀가루의 비율은 1 : 1이 좋으며, 만드는 사람에 따라 그 비율이 달라질 수 있으나 항상 일정한 비율로 만드는 것이 가장 좋다.

Roux   (25mL)

재료	분량	준비작업
버터(Butter)	25g	
밀가루(Flour)	25g	체에 쳐서 준비한다.

서서히 가열된 팬에 버터가 반고체 상태에 있을 때 체에 친 밀가루를 넣고 나무주걱을 이용하여 덩어리가 지지 않도록 잘 저어서 밀가루에 버터가 완전히 섞여 윤기가 날 때까지 볶는다.

- 화이트 루(White Roux) : 밀가루와 버터를 첨가한 다음 약한 불로 서서히 볶아야 한다. 밀가루는 잘 볶아야 독특한 향미를 얻을 수 있다. 화이트 루는 주로 베샤멜소스와 같이 색을 내지 않는 소스나 수프에 사용된다.
- 블론드 루(Blond Roux) : 화이트 루보다 조금 더 색을 낸 것으로 엷은 브라운색이다. 주로 벨루테(Veloute)와 같이 약한 색을 내는 소스로 사용한다.
- 브라운 루(Brown Roux) : 약한 불에 갈색이 날 때까지 서서히 볶아준다. 주로 향이 강하고 짙은 색의 육류소스를 생산할 때 첨가한다.

② 전분(Starch)

전분은 투명한 것이 특징이며 부드러운 분말로 이루어져 있다. 전분은 찬물에 분말을 섞어서 사용해야 하며, 요리의 마무리 단계에 사용해야 한다. 옥수수, 감자, 고구마 전분이 있는데 요리에 사용하기 좋은 것은 감자전분이며 주로 중국요리에 사용된다. 서양요리에서는 잘 사용하지 않는데 그 이유는 농도 낸 후에 분리되기 쉽고, 다시 열을 가할 때는 처음과 같은 품질을 얻을 수 없기 때문이다.

③ 베르마니(Beurre Manie)

버터와 밀가루를 같은 비율로 섞어 부드러워질 때까지 반죽한 것이다. 이것은 주로 소스의 농도를 조절할 때 적당히 넣으면서 휘핑기로 저어 농도를 조절한다. 비교적 간편하고 즉시 사용할 수 있는 장점이 있고 조리의 마무리 단계에 첨가한다. 베르마니에 포함된 버터성분은 소스의 향과 빛을 좋게 한다.

④ 달걀(Egg)

달걀노른자에 우유나 크림, 육수를 잘 섞어 끓는 소스에 넣어 거품기로 재빠르게 섞어주어야 한다. 첨가 대상인 소스가 충분히 뜨거워진 상태에서 저으면서 천천히 넣어준다. 이때 첨가하는 온도가 너무 뜨거우면 달걀이 익어서 소스에 덩어리 현상이 일어난다.

⑤ 버터(Butter)

버터는 소스의 농도 조절뿐만 아니라 소스의 맛과 풍미를 더해준다.

⑥ 크림(Cream)

흰색 소스(White Sauce) 계통에 많이 사용한다. 이러한 이유 때문에 크림소스 등 모든 소스에 이 방법을 이용하고 있다. 사용 시 주의할 점은 가급적 약한 불에서 요리해야 하며, 소스의 표면이 너무 뜨거울 경우 분리현상이 일어날 수 있다는 것이다.

⑷ 향신료(Aromatics)

채소(Mirepoix)

양파, 당근, 셀러리를 2 : 1 : 1로 섞어 사용한다. 향신료 주머니나 향신료 다발을 사용한다.

- Bouquet Garni(제1편 조리준비작업 참고)
- Spice Bag(제1편 조리준비작업 참고)

(2) Sauce의 마무리 작업

소스를 끓인 뒤 소스에 윤기와 풍미와 부드러운 감촉을 주기 위해 다음의 마무리 작업을 하여야 한다.

⑺ 조리기(Reduction)

알맞은 농도를 얻기 위하여 조린다.

(나) 거르기(Straining)

소스의 부드러운 감촉을 살리기 위해 거르는 작업을 한다. 농후제로 사용한 덩어리와 기타 재료가 걸러지게 된다. 눈이 촘촘한 원뿔체나 소창으로 걸러내서 더욱 부드럽게 한다.

(다) 버터 몬테(Butter Monte)

정제되지 않은 일반 신선한 버터를 이용하여 마무리 작업에 이용한다. 소스에 윤기와 풍미를 주기 위해 Whisk로 휘저어가면서 조금씩 첨가한다.

(3) 모체소스의 분류

소스는 17세기에 들어 프랑스에서 차가운 소스와 더운 소스로 분류되었다고 한다. 그 후 모체소스와 파생소스를 구분하면서 다시 갈색과 흰색 소스를 체계화시켜 수많은 소스를 만들었다. 엄격히 말해 재료 한 가지가 달라져도 소스는 재분류되어야 한다. 실제로 수백 종이 넘는 소스를 모두 사용한다는 것은 불가능하다.

(가) 흰색 모체소스(베샤멜소스, Bechamel Sauce)

루이 14세 때 베샤멜(Bechamel)이 창안한 소스로 주방에서 만드는 소스 중 가장 널리 쓰인다. 화이트 루를 우유에 넣고 끓이며 소금, 후추, 양파 등을 넣어 만든 소스로 주로 생선이나 채소에 많이 사용되는 소스이다.

(나) 블론드색 모체소스(벨루테소스, Veloute Sauce)

채소를 버터에 볶은 후 화이트 루(White Roux)를 넣고 화이트 스톡(White Stock)을 넣어 끓인 소스이다. 스톡에 따라 벨루테소스의 명칭도 달라진다. 즉 치킨 스톡(Chicken Stock)으로 만들면 치킨 벨루테(Chicken Veloute), 피시 스톡(Fish Stock)으로 만들면 피시 벨루테라고 한다.

(다) 갈색 모체소스(에스파뇰 소스, Espagnole Sauce)

미르포아(Mirepoix)를 갈색으로 볶은 뒤 토마토 페이스트(Tomato Paste)를 첨가하여 불을 약하게 하여 충분히 볶은 다음 브라운 스톡을 넣고 끓인다. 거기에 루를 함께 섞어 끓기 전에 향신료와 토마토를 첨가한 후 끓여 거른다.

㈜ **적색 모체소스(토마토소스, Tomato Sauce)**

토마토를 주재료로 한 이탈리아 요리에 많이 이용되고 있다. 이탈리아 요리인 파스타와 피자뿐 아니라 생선, 송아지, 가금류와 같이 여러 육류요리에 사용되고 있다.

미르포아(Mirepoix)를 볶다가 토마토 퓌레(Tomato Puree)와 토마토 페이스트(Tomato Paste)를 넣고 다시 볶은 다음 토마토 주스(Tomato Juice)와 스파이스(Spice)를 넣고 만든 소스를 말한다.

㈐ **노란색 모체소스(홀랜다이즈소스, Hollandaise Sauce)**

생선찜이나 브레이징한 채소에 사용되는 소스로 달걀노른자를 거품기로 휘저어 크림상태가 될 때까지 열을 가한 다음 중탕한 버터를 넣고 걸쭉하게 만들어 소금, 후추를 넣고 레몬주스와 식초를 가미한다.

6. 서양조리의 준비작업

(1) 향신료의 준비

㈎ 향신료 다발(Bouquet Garni)

Bouquet Garni

향신료 다발

요리 시 부케가르니를 많이 이용하는데 부케가르니는 프랑스어로 '향신료 다발'이라는 뜻이다. 부케가르니를 만들 때는 신선한 허브의 잎과 줄기는 조금씩 끈으로 묶던지 치즈를 만드는 소창에 넣어 만든다.

주로 소스, 수프, 스톡, 스튜 등과 같은 조리를 할 때 향과 맛, 풍미를 더해주기 위하여 대중적으로 사용하고 있다. 셀러리+파슬리 줄기+타임+월계수잎을 실로 묶는다.

[이용] 스톡, 소스

㈏ 향신료 주머니(Spice Bag : Sachet)

향신료 주머니

요리의 용도에 따라 선택된 향신료와 허브는 굵은 실에 묶어 조리 시에 첨가하게 되는데 자주 사용하는 것이 셀러리, 대파, 파슬리 줄기, 월계수잎, 타임, 로즈마리 등으로 묶을 수 있다. 묶을 수 없이 작은 입자를 가진 재료들은 소창이나 천을 사용하여 마치 복주머니처럼 묶어서 조리 시에 사용한다. 건조 향신료를 주머니에 싸서 이용한다. 요리의 마지막에 걸러준다.

[이용] 스톡

㈐ 양파 태우기(Charred Onion, Brulle Onion)

양파 태우기

팬을 가열하여 기름을 두르지 않고 태워 캐러멜화하여 양파의 향과 색을 이용한다.

[이용] 콩소메

㈑ 어니언 피케(Onion Pique)

Onion Pique

양파에 월계수잎을 정향으로 고정시켜 사용한다. 주로 미네스트로니 수프, 베샤멜 소스를 만들 때 사용한다.

[이용] 베샤멜 소스

(2) 크루통(Crouton) 만들기

식빵을 0.7~1㎝ 크기로 썰어 기름에 갈색이 나도록 굽거나 튀긴다.

(3) 토마토 콩카세(Tomato Concasser)

❶ 토마토 끝부분에 열십자로 칼집을 낸다.

❷ 끓는 물에 데쳐낸다.

❸ 찬물에 헹군다.

❹ 껍질을 벗겨낸다.

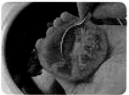

❺ 씨를 도려낸다.

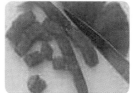

❻ 채썬 뒤에 0.5㎝ 크기로 썬다.

모든 토마토요리의 준비작업으로 이용한다.

(4) 루(Roux) 만들기

❶ 소스팬이 따뜻해지면 버터를 넣어 반 정도 녹인다.

❷ 체에 친 밀가루를 한번에 넣는다.

❸ 밀가루가 윤기나도록 잘 볶는다.

❹ 밀가루에서 기포가 올라오고 기포수가 많아지면 루가 다 볶아진 것이다.

Mirepoix

(5) 미르포아(Mirepoix)

미르포아는 양파, 당근, 셀러리의 혼합물이다. 기본적으로 양파 50%, 당근 25%, 셀러리 25%의 비율로 한다.

미르포아를 사용하는 목적은 요리의 특별한 맛이나 향기를 더해주는 데 있다. 미르포아는 보통 먹지 않기 때문에 양파를 제외한 나머지는 껍질 벗길 필요가 없다. 그 대신 셀러리와 당근은 깨끗이 씻어야 한다. 보통 주방에서는 채소를 다듬고 남은 부분을 용기에 모아서 소스나 스톡을 끓일 때 사용하기도 한다.

크기는 보통 요리의 형태에 따라 달라진다. 조리시간이 짧게 걸리는 요리는 슬라이스하거나 다이스 또는 잘게 썰어야 한다. 브라운 스톡 또는 데미글라스 등과 같이 1시간 이상 걸리는 것은 채소를 좀 더 크게 자르거나 경우에 따라 통째로 사용할 수도 있다.

생선 손질하기

(6) 생선 손질하기

① 생선 비늘을 꼬리에서 머리 쪽으로 긁어낸다.
② 생선의 머리, 내장을 제거하고 물로 깨끗이 씻어준다.
③ 뼈와 살을 분리한다. (보통 가자미와 같은 널찍한 생선은 5장 뜨기를 해준다.)
④ 껍질을 벗긴다. (생선의 껍질이 바닥에, 꼬리부분이 앞에, 머리부분이 뒤에 있게 도마에 놓고 꼬리 쪽에 칼집을 넣고 조금 떠서 왼손으로 껍질을 잡아당겨주고 칼을 든 오른손은 밀어준다.)

(7) 새우 손질하기

새우는 머리를 떼어내고 꼬치를 이용하여 등쪽 2~3번째 마디의 내장을 제거해 주어야 한다. 카나페용 새우는 껍질을 데쳐 식힌 후 껍질과 꼬리를 제거하고, 프렌치프라이 새우는 꼬리의 물주머니를 반드시 제거해 주어야 한다.

(8) 파슬리 다지기

① 파슬리는 잎을 모아 잘게 썬다.
② 곱게 다진다.
③ 면포에 다진 파슬리를 담아 흐르는 물에 진한 향과 색소를 씻어낸다.
④ 면포를 꽉 짜서 물기를 제거한 뒤 마른 면포에 파슬리가루를 담아 보슬보슬해 지게 말린다.

(9) 양파 다지기

❶ 양파를 반으로 자른 다음 수 직으로 자른다.　❷ 다시 수평으로 자른다.　❸ 다시 수직으로 자른다.

(10) 쿠르부용 만들기

❶ 물에 미르포아, 향신료, 레몬 즙을 첨가하여 끓여서 사용 한다.　❷ 해산물을 삶을 때 주로 사용 한다.

(11) 데글라이즈(Deglaze)

고기를 굽고 난 뒤 팬에 남아 있는 육즙을 우려내기 위하여 팬에 스톡이나 와인을 넣어 우려내는 작업이다.

데글라이즈

(12) 불 조절하기

▲ 강한 불　▲ 중불　▲ 약한 불

(13) 채소 껍질 벗기기와 손질하기

셀러리, 감자, 브로콜리 등은 껍질 벗기는 칼(Vegetable Peeler)을 이용하여 껍질을 벗긴다.

▲ 셀러리 껍질 벗기기   ▲ 감자 껍질 벗기기   ▲ 브로콜리 손질하기

소스 거르기

(14) 소스 거르기

원뿔체(China Cap)를 이용하여 소스를 재빨리 거른다.

(15) 퓌레(Puree) 만들기

과일이나 채소류를 버터에 볶아 물이나 스톡을 넣고 푹 끓인 다음 체에 내린다.

퓌레 만들기

(16) 튀김기름의 온도를 알아보는 방법

약 160~180℃의 온도에서 튀김을 하지만, 재료나 목적에 따라 온도를 조절하지 않으면 안 된다. 튀김옷을 떨어뜨려 보면 기름의 온도를 쉽게 알 수 있다.

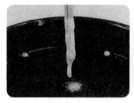 

▲ 180℃ 이상   ▲ 150~160℃

사과씨 빼기

(17) 사과씨 빼기

사과씨 빼는 기구를 이용하여 손쉽고 깨끗하게 씨를 제거한다.

(18) 안심 손질하기

통안심은 먼저 날개부분을 잘라내고 힘줄을 제거한다.

❶ 통안심

❷ 안심의 날개부분을 잘라낸다.

❸ 머리부분의 힘줄을 손질한다.

❹ 위와 아래 부분의 힘줄과 기름을 제거한다.

❺ 약 180~200g 정도로 잘라둔다.

❻ 두꺼운 천으로 안심을 싼 다음 Meat Mallet으로 두들겨 모양을 잡는다.

(19) Lobster 손질하기

❶ 머리부터 칼을 넣어 반으로 자른다.

❷ 뒤집어서 내장을 들어낸다.

(20) 마리네이드(Marinade)

고기나 생선을 조리하기 전에 맛을 들이거나 부드럽게 하기 위해 기름과 채소에 재워두는 것을 말한다. 비프스테이크나 로스트 치킨을 요리할 때 이 과정을 거치면 한층 맛이 좋아진다.

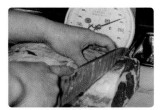

(21) 립아이 스테이크(Rib-eye Steak) 손질하기

소고기 갈비의 윗부분을 잘라 스테이크 크기로 손질한다.

(22) 달걀 삶기

① 소스 팬에 소금 10g과 물 1,000cc를 넣은 뒤 달걀을 넣고 끓기 시작하여 12~14분간 두면 완숙, 5~7분을 두면 반숙, 3~4분을 두면 연숙이 된다.

② 찬물에 식힌다.

③ 달걀 껍질을 벗긴다. 기실이 있는 둔단부부터 깨뜨려 껍질을 벗긴다.

※ 노른자가 중앙에 오도록 삶기
끓기 시작해서 노른자가 익기 시작하는 3분 정도는 굴리면서 삶는다.

훈제

(23) 훈제(Smoking)

훈연의 목적은 수분을 제거하여 건조시킴과 동시에 연기 속에 포함되어 있는 목초산을 침투시켜 풍미와 방부성분을 갖게 함으로써 보존효과를 얻기 위함이다. 훈연의 방법에는 용도의 특성에 따라 냉훈법, 온훈법, 액훈법 등이 있으며 일반적으로 해체-세척-염상-소금 빼기-풍건-훈연의 순서를 거친다.

훈연에 사용하는 나무는 재질이 단단한 참나무, 벗나무, 밤나무 등의 활엽수를 분쇄하여 사용하는 것이 대부분이며, 좋은 풍미를 얻기 위해 Juniper Berry, Bay Leaves, Sage 등을 함께 섞어서 사용하기도 한다.

(24) 정제버터 만들기

버터는 버터지방, 수분, 유고형분으로 구성되어 있는데, 정제버터를 만드는 것은 수분이나 유고형분을 제거하고 버터지방만을 순수하게 얻은 것이다. 보통 Saute할 때 사용한다. 유고형분은 높은 온도에서는 쉽게 타기 때문이다. 또한 홀랜다이즈 소스에도 사용하는데, 정제하지 않은 버터를 사용하면 수분 때문에 소스가 변하기 때문이다.

① 두꺼운 Sauce Pan에 버터를 녹인다.

② 표면의 막을 걷어낸다.

③ 다른 그릇에 소스팬의 바닥에 있는 유고형분을 그대로 두면서 조심스럽게 맑은 버터를 다른 그릇에 옮겨낸다.

02

양식조리기능사
실기문제

1. 양식조리기능사

1) 자격시험 안내

한식, 중식, 일식, 양식, 복어조리 부문에 배속되어 제공될 음식에 대한 계획을 세우고 조리할 재료를 선정, 구입, 검수하고 선정된 재료를 적정한 조리기구를 사용하여 조리업무를 수행하며 음식을 제공하는 장소에서 조리시설 및 기구를 위생적으로 관리·유지하고, 필요한 각종 재료를 구입, 위생학적·영양학적으로 저장·관리하면서 제공될 음식을 조리·제공하기 위한 전문 인력을 양성하기 위하여 만든 자격제도이다.

(1) 수행직무

양식조리 부문에 배속되어 제공될 음식에 대한 계획을 세우고 조리할 재료를 선정, 구입, 검수하고 선정된 재료를 적정한 조리기구를 사용하여 조리업무를 수행한다. 또한 음식을 제공하는 장소에서 조리시설 및 기구를 위생적으로 관리·유지하고, 필요한 각종 재료를 구입, 위생학적·영양학적으로 저장·관리하면서 제공될 음식을 조리하여 제공하는 직종이다.

(2) 진로 및 전망

식품접객업 및 집단급식소 등에서 조리사로 근무하거나 운영이 가능하다. 업체 간, 지역 간의 이동이 많은 편이고 고용과 임금에 있어서 안정적이지 못한 편이지만, 조리에 대한 전문가로 인정받게 되면 높은 수익과 직업적 안정성을 보장받게 된다.

- 식품위생법상 대통령령이 정하는 식품접객영업자(복어조리, 판매영업 등)와 집단급식소의 운영자는 조리사 자격을 취득하고, 시장·군수·구청장의 면허를 받은 조리사를 두어야 한다.

＊관련법 : 식품위생법 제34조, 제36조, 같은 법 시행령 제18조, 같은 법 시행규칙 제46조

(3) 출제경향

- 요구작업 내용 : 지급된 재료를 갖고 요구하는 작품을 시험시간 내에 1인분을 만들어내는 작업
- 주요 평가내용 : 위생상태(개인 및 조리과정) · 조리의 기술(기구취급, 동작, 순서, 재료다듬기 방법) · 작품의 평가 · 정리정돈 및 청소

(4) 출제기준

- 직무내용 : 양식조리부분에 배속되어 제공될 음식에 대한 계획을 세우고 조리할 재료를 선정, 구입, 검수, 보관 및 저장하며 적절한 조리기구를 선택하여 영양적이고 위생적인 음식을 제공하는 직무를 수행. 조리시설 및 기구를 위생적으로 관리 · 유지하는 직무를 수행
- 수행준거
- 양식의 고유한 형태와 맛을 표현할 수 있을 것
- 식재료의 특성을 이해하고 용도에 맞게 손질할 수 있을 것
- 레시피를 정확하게 숙지하고 적절한 도구 및 기구를 사용할 수 있을 것
- 기초조리기술이 능숙할 것
- 조리과정이 위생적이며 정리정돈을 잘 할 수 있을 것

(5) 실시기관 홈페이지

http://www.q-net.or.kr

(6) 취득방법

① 시행처 : 한국산업인력공단

② 시험과목

- 필기 : 1. 식품위생 및 법규, 2. 식품학, 3. 조리이론과 원가계산, 4. 공중보건

필기검정방법	객관식	문제수	60	시험시간	1시간

- 실기 : 양식조리작업(문제 은행 34가지)

③ 검정방법

- 필기 : 객관식 4지 택일형, 60문항(60분)
- 실기 : 작업형(70분 정도)

④ 합격기준 : 100점 만점에 60점 이상

2) 준비물

위생복

앞치마

위생모

칼(대, 소)

나무주걱

계량컵

계량스푼

소창

행주

(1) 수험표, 신분증

수험표와 신분증(주민등록증 또는 학생증, 운전면허증, 여권 중 1개)을 반드시 지참한다.

(2) 위생복(가운, 앞치마)

반드시 흰색을 착용하며 깨끗하게 다려서 구김이 가지 않도록 하고 소매는 접어서 걷고 단추는 모두 채운다.

(3) 위생모(머리수건)

모자는 종이로 된 것이나 천 모두 사용 가능하나 반드시 조리용 모자를 착용하여야 하며 흰색을 사용한다. 머리수건을 착용할 때는 머리카락이 밖으로 나오지 않도록 한다.

(4) 칼

좋은 칼, 비싼 칼보다는 자신의 손에 편안하게 느껴지는 칼을 선택하여 몸의 일부처럼 느껴질 만큼 익숙하게 한다. 너무 가벼운 것보다는 약간의 무게가 느껴지며 칼날이 지나치게 두껍지 않은 것으로 고른다.

(5) 수저세트

조리용으로 보통 집에서 사용하는 것이면 되고 젓가락은 대나무 젓가락을 준비한다.

(6) 나무주걱

양식에서는 반드시 필요한 기구로 밑부분이 지나치게 일직선으로 된 것은 재료를 볶기에 불편하므로 가장자리를 둥글게 다듬어 사용한다.

(7) 계량컵, 계량스푼

스테인리스나 플라스틱으로 된 것 모두 사용 가능하다.

(8) 소창

1겹보다는 2겹으로 된 것이 좋으며, 한번도 사용하지 않은 것은 수분을 흡수하기 어려우므로 반드시 빨아서 반듯하게 접어 가져간다.

(9) 행주

타월로 된 것이 좋으며 반드시 흰색의 깨끗한 것으로 여러 장 가져간다.

(10) 키친타월

종이로 되어 있으나 물에 녹지 않아 사용하기 편리하다. 적은 양의 수분이나 기름기를 제거하는 데 사용하면 좋다.

(11) 고무주걱

소스나 걸쭉한 수프를 남김없이 담아낼 때 사용한다.

고무주걱

(12) 거품기

달걀의 거품을 낼 때 필요하며 시험재료의 양이 적으므로 작은 것으로 고르는 게 좋다.

거품기

(13) 냄비

손잡이가 하나 달린 알루미늄 냄비가 가장 사용하기 편리하다. 뚜껑도 가져간다.

프라이팬

(14) 프라이팬

코팅이 잘 되어 있는 것을 가져가도록 하고 쇠로 된 기구는 사용하지 않도록 한다.

오믈렛팬

(15) 오믈렛팬

무쇠로 된 정통 오믈렛팬보다는 직경 18cm 이하의 코팅이 잘 된 작은 프라이팬이 오믈렛을 만들기에 편리하다.

달걀 커터기

(16) 달걀 커터기

새우 카나페를 만들 때 달걀을 자르기 위하여 사용한다. 칼로 잘라 사용해도 무방하다.

(17) 짤주머니

스터프트 에그를 만들 때 사용하며 꼭지쇠의 끝부분이 너무 촘촘한 것보다는 6개의 뾰족한 별 모양으로 된 것이 가장 보기 좋은 모양이 나온다.

짤주머니

(18) 그릇

접시, 대접, 공기 등 필요한 만큼 골고루 가져가는 것이 좋다.

볼

(19) 체

고운 것과 굵은 것 2개를 가져가는 것이 좋으며, 고운체는 주로 브라운 그래비 소스처럼 매끄러운 소스를 거를 때 사용하고, 굵은 것은 감자 수프처럼 채소퓌레를 체에 내려 으깰 때 사용한다.

체

(20) 뒤집개(2017년 추가 준비물)

뒤집개

3) 채점의 예

구분	위생상태				조리기술							작품의 평가				
	1	3	2		1	2	3	4	5	6	7	8	9	10		비고 (잘못된점)
항목 배점	총계	위생복 착용 개인 위생	정리 정돈 청소	조리 순서 재료 기구 취급	소계	채소 썰기	닭뼈 바르기	치킨 육수 만들기	채소 볶기	베샤멜 소스 만들기	완성	맛보기	맛	색	그릇 담기	소계	
번호																	
	55	0, 2,3	0, 2,3	0, 2,4	10	0, 2,5	0, 2,5	0, 2,5	0, 2,5	0, 2,5	0, 2,5	0, −2	0, 3,6	0, 2,5	0, 2,4	45	
1																	
2																	
3																	
4																	
5																	
6																	
7																	
8																	
9																	
10																	
11																	
12																	

▶ 실기시험은 대체로 두 가지 작품이 주어지며, 공통 채점과 조리기술 및 작품 평가의 합계가 100점 만점으로 60점 이상이면 합격이다.

4) 유의사항

① 정해진 실기시험 일자와 장소, 시간을 정확히 확인한 후 시험 30분 전에 수검자 대기실에 도착하여 시험 준비요원의 지시를 받는다.

② 가운과 앞치마, 모자 또는 머리수건을 단정히 착용한 후 준비요원의 호명에 따라(또는 선착순으로) 수험표와 주민등록증을 확인하고 등번호를 교부받아 실기시험장으로 향한다.

③ 자신의 등번호가 위치해 있는 조리대로 가서 실기시험 문제를 확인한 후 준비해 간 도구 중 필요한 도구를 꺼내 정리한다.

④ 실기시험장에서는 감독의 허락 없이 시작하지 않도록 하고 주의사항을 경청하여 실기시험에 실수하지 않도록 한다.

⑤ 지급된 재료를 재료 목록표와 비교·확인하여 부족하거나 상태가 좋지 않은 재료는 즉시 지급받는다. (지급재료는 1회에 한하여 지급되며 재지급되지 않는다.)

⑥ 두 가지 과제의 요구사항을 꼼꼼히 읽은 후 시험에서 요구하는 대로 작품을 만들어 정해진 시간 안에 등번호와 함께 정해진 위치에 제출한다.

⑦ 작품을 제출할 때는 반드시 시험장에서 제시된 그릇에 담아낸다.

⑧ 정해진 시간 안에 작품을 제출하지 못했을 경우 시간초과로 채점대상에서 제외된다.

⑨ 요구작품이 2가지인데, 1가지 작품만 만들었을 경우에는 미완성으로 채점 대상에서 제외된다.

⑩ 시험에 지급된 재료 이외의 재료를 사용하거나 음식의 간을 보면 감점처리된다.

⑪ 불을 사용하여 만든 조리작품이 불에 익지 않은 경우에는 미완성으로 채점 대상에서 제외된다.

⑫ 작품을 제출한 후 테이블, 세정대 및 가스레인지 등을 깨끗이 청소하고 사용한 기구들도 제자리에 배치한다.

5) 양식조리기능사 문제 속의 재료 손질법 요약

(1) 파슬리

물에 담가두어야 하고, 곱게 다질 때는 면포에 담아 물에 향과 색소를 씻어내고 키친타월 위에서 말린다.

손질법	메뉴
잎손질	쉬림프 카나페
가니쉬	프렌치 프라이드 쉬림프, 피시 뮈니엘
다지기	미네스트로니 수프, 프렌치어니언 수프(마늘빵), 바비큐 포크찹, 비프스튜, 이탈리안 미트소스, 타르타르소스, 사우전드아일랜드 드레싱, 피시 뮈니엘(전채 뿌리기), 스파게티 카르보나라, 토마토소스 해산물 스파게티
넣고 끓임	피시 스톡

〈파슬리가루 만들기〉

① 파슬리는 잎을 모아 잘게 썬다.

② 곱게 다진다.

③ 면포에 다진 파슬리를 담아 흐르는 물에 진한 향과 색소를 씻어낸다.

④ 면포를 꽉 짜서 물기를 제거한 뒤 마른 면포에 파슬리가루를 담아 보슬보슬해 지게 말린다.

(2) 오믈렛

① 달걀에 크림이나 우유를 넣고 잘 풀어 체에 내린다.

② 달궈진 팬에 부어준 다음 스크램블을 한다.

③ 달걀은 끝이 잘 오므라지도록 계속 말아준다.

(3) 크루통

① 식빵은 0.8cm×0.8cm×0.8cm가 되게 정육면체로 성형한다.

② 성형한 식빵은 팬에 굽거나 기름에 튀기는 2가지 방법이 있다.

    – 팬에 굽는 방법

    – 기름에 튀기는 방법

③ 여분의 기름을 키친타월로 흡수시킨다.

(4) 셀러리

반드시 섬유질 제거과정을 보여줘야 한다.

손질법	메뉴
다져서 사용	스터프트 에그, 바비큐 포크찹, 이탈리안 미트소스, 토마토소스, 사우전드아일랜드 드레싱, 햄버거 샌드위치
요구사항 성형	피시 차우더 수프, 비프스튜, 월도프 샐러드, 브라운 스톡(Mirepoix)
채썰기	비프 콩소메 수프, 브라운 그래비소스

(5) 토마토

토마토는 항상 콩카세(껍질과 씨를 제거)해 줘야 한다.

손질법	메뉴
콩카세	스페니시 오믈렛, 미네스트로니 수프, 비프 콩소메 수프, 이탈리안 미트소스, 브라운 스톡
1cm 슬라이스	비엘티 샌드위치, 햄버거 샌드위치

(6) 마늘

① 다지기 – 이탈리안 미트소스, 비프스튜, 프렌치 어니언수프(마늘빵), 토마토소스 해산물 스파게티, 미네스트로니 수프

(7) 해산물

㈎ 생선

일단 꼬리에서 머리 쪽으로 칼등을 이용하여 비늘을 벗긴다.

가위로 지느러미를 잘라주고, 물기를 제거해야 손질이 쉽다.

껍질 제거 후 소금과 흰 후추로 간을 한다.

손질법	메뉴
5장 뜨기	솔모르네, 피시 뮈니엘
생선뼈	피시 스톡(솔모르네)
생선살	피시 차우더 수프

⒩ 가자미

① 가자미의 비늘을 꼬리에서 머리 쪽으로 긁어낸다.

② 가자미의 머리, 내장을 제거하고 물로 깨끗이 씻어준다.

③ 뼈와 살을 분리한다.

　(보통 가자미와 같은 널찍한 생선은 5장 뜨기를 해준다.)

④ 껍질을 벗긴다.

　(생선의 껍질이 바닥에, 꼬리부분이 앞에, 머리부분이 뒤에 있게 도마에 놓고
　꼬리 쪽에 칼집을 넣어 조금 떠서 왼손으로 껍질을 잡아당겨 주고 칼을 든 오른
　손은 밀어준다.)

⒟ 새우

새우는 머리를 떼어내고 꼬치를 이용하여 등쪽 2~3번째 마디의 내장을 제거해야
한다.

카나페용 혹은 샐러드용 새우는 껍질째 데쳐(미르포아, 통후추, 월계수잎, 레몬즙
첨가한 물; 쿠르부용) 식힌 후 껍질과 꼬리를 제거하고, 프렌치프라이용 새우는 꼬리에
있는 물주머니를 반드시 제거해 주어야 한다(쉬림프 카나페, 프렌치 프라이드 쉬림프).

(8) 육류

⒢ 쇠고기

쇠고기는 키친타월을 받쳐 핏물부터 빼낸다.

간 쇠고기가 나오더라도 힘줄을 제거한 뒤에 곱게 다져야 한다.

소뼈는 찬물에 담가 핏물 제거하는 과정을 보여주어야 한다.

손질법	메뉴
다지기	비프 콩소메, 살리스버리 스테이크, 이탈리아 미트소스, 햄버거 샌드위치
요구사항 성형	비프스튜, 설로인 스테이크
찬물에 담가 핏물 제거	브라운 스톡

⒩ 돼지갈비

돼지갈비는 찬물에 담가 핏물을 제거한 후 기름기를 제거하여 얇게 포를 뜬다. 힘
줄과 살이 붙어 있는 곳에 칼집을 넣어주어야 잘 익고 오그라드는 것을 방지할 수 있
다(바비큐 포크찹).

⒟ **치킨**

① 치킨알라킹 – 껍질과 뼈 제거 후 물에 데쳐준다.

② 치킨 커틀릿 – 껍질이 붙은 채로 살을 발라 소금, 흰 후추로 간을 한다.

(9) 밀가루

⒢ **루**

종류	만드는 법
화이트 루	버터가 반 정도 녹았을 때 밀가루 첨가
브라운 루	버터가 녹아서 발열점이 되면 (갈색이 되기 시작) 밀가루 첨가

⒣ **덧반죽용**

손질법	메뉴
튀김옷 반죽	프렌치 프라이드 쉬림프
쇠고기 옷	비프스튜
가자미 옷	피시 뮈니엘
돼지갈비 옷	바비큐 포크찹
치킨 옷	치킨 커틀릿

(10) 양파

양식에서 양파는 한식의 마늘 같은 향신료이므로 가장 중요하다.

조리방법은 메뉴에 따라 제각각이니 반드시 외워두어야 한다.

손질법	메뉴
요구에 맞게 썰기	미네스트로니 수프, 피시 차우더 수프, 비프스튜, 치킨 알라킹
굵게 각썰기	솔모르네, 브라운 스톡
채 썰기	비프 콩소메 수프, 프렌치 어니언 수프, 브라운 그래비소스, 피시 스톡
다지기	스페니시 오믈렛, 바비큐 포크찹, 살리스버리 스테이크(고기, 시금치), 설로인 스테이크(시금치), 이탈리안 미트소스, 타르타르소스, 홀랜다이즈소스, 사우전 드아일랜드 드레싱, 포테이토 샐러드, 햄버거 샌드위치(고기 성형), 포테이토 크림수프
어니언 피케	미네스트로니 수프, 피시 차우더 수프
어니언 부루리	비프콩소메 수프

- Chop한 양파를 소금물로 절인 후 면포로 수분을 제거해서 매운맛을 제거해야 한다(포테이토 샐러드, 사우전드아일랜드 드레싱, 타르타르소스).
- 다진 후 팬에서 수분 제거(살리스버리 스테이크, 햄버거 샌드위치)
- 향신즙 만들기(홀랜다이즈 소스)

(11) 달걀

① 풀어서 체에 내려준다(스페니시 오믈렛, 치즈 오믈렛).
② 소금, 식초를 넣고 달걀이 잠길 정도로 물을 넣고 5분 정도 굴려준 후 7~10분 더 삶아준다(쉬림프 카나페).
③ 흰자를 거품낸다(비프 콩소메 수프).
④ 난황 이용
　　- 흰자를 거품내서 노른자와 함께 반죽 사용
　　　(프렌치 프라이드 쉬림프 - 거품 흰자 2T + 노른자 1T)
　　- 반죽에 넣음
　　　(살리스버리 스테이크, 햄버거 샌드위치 - 노른자 1T)
⑤ 익힌 노른자는 체에 내리고 흰자는 다진다(타르타르소스, 사우전드아일랜드 드레싱).
⑥ 노른자를 거품내야 한다(홀랜다이즈 소스).
⑦ 생크림과 섞어서 리에종으로 사용(카르보나라).

(12) 토마토 페이스트

불에 잘 타기 때문에 볶을 때는 약불로 볶아야 타지 않는다(스페니시 오믈렛, 미네스트로니 수프, 비프스튜, 브라운 그래비소스, 이탈리안 미트소스).

(13) 부케가르니(Bouquet Garni)

월계수잎, 정향, 양파 조각, 셀러리 조각 → 나중에 꼭 꺼낸다(미네스트로니 수프, 비프 콩소메수프, 비프스튜, 치킨알라킹, 브라운 그래비소스, 토마토소스, 피시 차우더수프, 브라운 스톡, 피시 스톡, 포테이토 크림수프, 바비큐 포크찹, 이탈리안 미트소스, 홀랜다이즈소스).

2. 출제기준

출제기준(필기)

직무 분야	음식 서비스	중직무 분야	조리	자격 종목	양식조리기능사	적용 기간	2016. 1. 1 ~ 2018. 12. 31

○직무내용: 양식조리 부분에 배속되어 제공될 음식에 대한 기초 계획을 세우고 식재료를 구매, 관리, 손질하여 맛, 영양, 위생적인 음식을 조리하고 조리기구 및 시설관리를 유지하는 직무

필기검정방법	객관식	문제수	60	시험시간	1시간

필기과목명	문제수	주요항목	세부항목	세세항목
식품위생 및 관련법규, 식품학, 조리이론 및 원가계산, 공중보건	60	1. 식품위생	1. 식품위생의 의의	1. 식품위생의 의의
			2. 식품과 미생물	1. 미생물의 종류와 특성 2. 미생물에 의한 식품의 변질 3. 미생물 관리 4. 미생물에 의한 감염과 면역
		2. 식중독	1. 식중독의 분류	1. 세균성 식중독의 특징 및 예방대책 2. 자연독 식중독의 특징 및 예방대책 3. 화학적 식중독의 특징 및 예방대책 4. 곰팡이 독소의 특징 및 예방대책
		3. 식품과 감염병	1. 경구감염병 2. 인수공통감염병 3. 식품과 기생충병 4. 식품과 위생동물	1. 경구감염병의 특징 및 예방대책 1. 인수공통감염병의 특징 및 예방대책 1. 식품과 기생충병의 특징 및 예방대책 1. 위생동물의 특징 및 예방대책
		4. 살균 및 소독	1. 살균 및 소독	1. 살균의 종류 및 방법 2. 소독의 종류 및 방법
		5. 식품첨가물과 유해물질	1. 식품첨가물	1. 식품첨가물 일반정보 2. 식품첨가물 규격기준 3. 중금속 4. 조리 및 가공에서 기인하는 유해물질
		6. 식품위생관리	1. HACCP, 제조물책임법(PL) 등 2. 개인위생관리 3. 조리장의 위생관리	1. HACCP, 제조물책임법의 개념 및 관리 1. 개인위생관리 1. 조리장의 위생관리

필기과목명	문제수	주요항목	세부항목	세세항목
		7. 식품위생관 법규	1. 식품위생관련법규	1. 총칙 2. 식품 및 식품첨가물 3. 기구와 용기 · 포장 4. 표시 5. 식품등의 공전 6. 검사 등 7. 영업 8. 조리사 및 영양사 9. 시정명령 · 허가취소 등 행정제재 10. 보칙 11. 벌칙
		8. 공중보건	1. 공중보건의 개념 2. 환경위생 및 환경 오염 3. 산업보건 및 감염 병 관리 4. 보건관리	1. 공중보건의 개념 1. 일광 2. 공기 및 대기오염 3. 상하수도, 오물처리 및 수질오염 4. 소음 및 진동 5. 구충구서 1. 산업보건의 개념과 직업병 관리 2. 역학 일반 3. 급만성감염병관리 1. 보건행정 2. 인구와 보건 3. 보건영양 4. 모자보건, 성인 및 노인보건 5. 학교보건
		9. 식품학	1. 식품학의 기초 2. 식품의 일반성분 3. 식품의 특수성분	1. 식품의 기초식품군 1. 수분 2. 탄수화물 3. 지질 4. 단백질 5. 무기질 6. 비타민 1. 식품의 맛 2. 식품의 향미(색, 냄새) 3. 식품의 갈변 4. 기타 특수성분

필기과목명	문제수	주요항목	세부항목	세세항목
		9. 식품학	4. 식품과 효소	1. 식품과 효소
		10. 조리과학	1. 조리의 기초지식	1. 조리의 정의 및 목적 2. 조리의 준비조작 3. 기본조리법 및 다량조리기술
			2. 식품의 조리원리	1. 농산물의 조리 및 가공 · 저장 2. 축산물의 조리 및 가공 · 저장 3. 수산물의 조리 및 가공 · 저장 4. 유지 및 유지 가공품 5. 냉동식품의 조리 6. 조미료 및 향신료
		11. 급식	1. 급식의 의의	1. 급식의 의의
			2. 영양소 및 영양섭취 기준, 식단작성	1. 영양소 및 영양섭취기준, 식단작성
			3. 식품구매 및 재고 관리	1. 식품구매 및 재고관리
			4. 식품의 검수 및 식품감별	1. 식품의 검수 및 식품감별
			5. 조리장의 시설 및 설비관리	1. 조리장의 시설 및 설비 관리
			6. 원가의 의의 및 종류	1. 원가의 의의 및 종류 2. 원가분석 및 계산

출제기준(실기)

직무 분야	음식 서비스	중직무 분야	조리	자격 종목	양식조리기능사	적용 기간	2016. 1. 1 ~ 2018. 12. 31

○직무내용 : 양식조리 부분에 배속되어 제공될 음식에 대한 기초 계획을 세우고 식재료를 구매, 관리, 손질
하여 맛, 영양, 위생적인 음식을 조리하고 조리기구 및 시설관리를 유지하는 직무
○수행준거 : 1. 양식의 고유한 형태와 맛을 표현할 수 있다.
  2. 식재료의 특성을 이해하고 용도에 맞게 손질할 수 있다.
  3. 레시피를 정확하게 숙지하고 적절한 도구 및 기구를 사용할 수 있다.
  4. 기초조리기술을 능숙하게 할 수 있다.
  5. 조리과정이 위생적이고 정리정돈을 잘 할 수 있다.

실기검정방법	작업형	시험시간	70분 정도

실기과목명	주요항목	세부항목	세세항목
양식조리 작업	1. 기초 조리작업	1. 식재료별 기초손질 및 모양썰기	1. 식재료를 각 음식의 형태와 특징에 알맞도록 손질할 수 있다.
	2. 스톡조리	1. 스톡 조리하기	1. 주어진 재료를 사용하여 요구사항에 맞는 스톡을 만들 수 있다.
	3. 소스조리	1. 소스 조리하기	1. 주어진 재료를 사용하여 요구사항대로 소스를 만들 수 있다.
	4. 수프조리	1. 수프 조리하기	1. 주어진 재료를 사용하여 요구사항대로 수프를 만들 수 있다.
	5. 전채조리	1. 전채요리 조리하기	1. 주어진 재료를 사용하여 요구사항대로 전채요리를 만들 수 있다.
	6. 샐러드조리	1. 샐러드 조리하기	1. 주어진 재료를 사용하여 요구사항대로 샐러드를 만들 수 있다.
	7. 어패류조리	1. 어패류 요리 조리하기	1. 주어진 재료를 사용하여 요구사항대로 어패류 요리를 만들 수 있다.
	8. 육류조리	1. 육류 요리 조리하기 (각종 육류, 가금류, 엽조육류 및 그 가공품 등)	1. 주어진 재료를 사용하여 요구사항대로 육류요리를 만들 수 있다.

실기과목명	주요항목	세부항목	세세항목
	9. 파스타요리	1. 파스타 조리하기	1. 주어진 재료를 사용하여 요구사항대로 파스타 요리를 만들 수 있다.
	10. 달걀조리	1. 달걀요리 조리하기	1. 주어진 재료를 사용하여 요구사항대로 달걀요리를 만들 수 있다.
	11. 채소류 조리	1. 채소류 요리 조리하기	1. 주어진 채소류를 사용하여 요구사항대로 채소요리를 만들 수 있다.
	12. 쌀조리	1. 쌀요리 조리하기	1. 주어진 재료를 사용하여 요구사항대로 쌀요리를 만들 수 있다.
	13. 후식조리	1. 후식 조리하기	1. 주어진 재료를 사용하여 요구사항대로 후식요리를 만들 수 있다.
	14. 담기	1. 그릇 담기	1. 적절한 그릇에 담는 원칙에 따라 음식을 모양 있게 담아 음식의 특성을 살려낼 수 있다.
	15. 조리작업관리	1. 조리작업, 위생관리 하기	1. 조리복·위생모 착용, 개인위생 및 청결상태를 유지할 수 있다. 2. 식재료를 청결하게 취급하며 전 과정을 위생적으로 정리정돈하며 조리할 수 있다.

3. 양식조리기능사 실기문제(32종류)

Smoked Salmon Roll with Vegetables
채소로 속을 채운 훈제연어롤

| page 72 | 시험시간 : 40분 |

Shrimp Canape
쉬림프 카나페

| page 76 | 시험시간 : 30분 |

Potato Cream Soup
포테이토 크림수프

| page 80 | 시험시간 : 30분 |

French Onion Soup
프렌치 어니언 수프

| page 84 | 시험시간 : 40분 |

Minestrone Soup
미네스트로니 수프

| page 88 | 시험시간 : 30분 |

Fish Chowder Soup
피시 차우더 수프

| page 92 | 시험시간 : 30분 |

Beef Consomme Soup
비프 콩소메 수프

| page 96 | 시험시간 : 50분 |

Waldorf Salad
월도프 샐러드

| page 100 | 시험시간 : 20분 |

Potato Salad
포테이토 샐러드

| page 104 | 시험시간 : 30분 |

Tuna Tartar with Salad Bouquet and Vegetable Vinaigrette
샐러드 부케를 곁들인 참치타르타르와 채소 비네그레트

| page 108 | 시험시간 : 30분 |

Sea-food Salad
해산물 샐러드

| page 112 | 시험시간 : 30분 |

Brown Stock
브라운 스톡

| page 116 | 시험시간 : 30분 |

Thousand Island Dressing
사우전드아일랜드 드레싱

| page 120 | 시험시간 : 20분 |

Italian Meat Sauce
이탈리안 미트소스

| page 128 | 시험시간 : 30분 |

Hollandaise Sauce
홀랜다이즈소스

| page 132 | 시험시간 : 25분 |

Brown Gravy Sauce
브라운 그래비소스

| page 136 | 시험시간 : 30분 |

Tar-Tar Sauce
타르타르 소스

| page 140 | 시험시간 : 20분 |

Spanish Omelet
스페니시 오믈렛

| page 144 | 시험시간 : 30분 |

Cheese Omelet
치즈 오믈렛

| page 148 | 시험시간 : 20분 |

Sole Mornay
솔모르네

| page 152 | 시험시간 : 40분 |

Fish Meuniere
피시 뮈니엘

| page 156 | 시험시간 : 30분 |

French Fried Shrimp
프렌치 프라이드 쉬림프

| page 160 | 시험시간 : 25분 |

Beef Stew
비프스튜

| page 164 | 시험시간 : 40분 |

Salisbury Steak
살리스버리 스테이크

| page 168 | 시험시간 : 40분 |

Sirloin Steak
설로인 스테이크

| page 172 | 시험시간 : 30분 |

Barbecue Porkchop
바비큐 포크찹

| page 176 | 시험시간 : 40분 |

Chicken A'la King
치킨 알라킹

| page 180 | 시험시간 : 30분 |

Chicken Cutlet
치킨 커틀릿

| page 184 | 시험시간 : 30분 |

Hamburger Sandwich
햄버거 샌드위치

| page 188 | 시험시간 : 30분 |

Bacon Lettuce Tomato Sandwich
베이컨, 레터스, 토마토 샌드위치

| page 192 | 시험시간 : 30분 |

Spaghetti Carbonara
스파게티 카르보나라

| page 196 | 시험시간 : 30분 |

Seafood Spaghetti Tomato Sauce
해산물 토마토소스 스파게티

| page 200 | 시험시간 : 35분 |

Bechamel Sauce
베샤멜소스
(2018년도 예고문제)

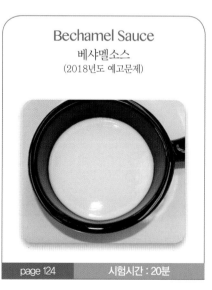

| page 124 | 시험시간 : 20분 |

Smoked Salmon Roll with Vegetables

채소로 속을 채운 훈제연어롤

시험시간
40분

요구사항

주어진 재료를 사용하여 다음과 같이 채소로 속을 채운 훈제연어롤을 만드시오.

❶ 주어진 훈제연어를 슬라이스하여 사용하시오.

❷ 당근, 셀러리, 무, 홍피망, 청피망을 0.3cm 정도의 두께로 채 써시오.

❸ 채소로 속을 채워 롤을 만드시오.

❹ 롤을 만든 뒤 일정한 크기로 6등분하여 제출하시오.

❺ 생크림, 겨자무(호스래디시), 레몬즙을 이용하여 만든 호스래디시 크림, 케이퍼, 레몬웨지, 양파, 파슬리를 곁들이시오.

수검자 유의사항

❶ 훈제연어기름 제거에 유의한다.

❷ 슬라이스한 훈제연어 살이 갈라지지 않도록 한다.

❸ 롤은 일정한 두께로 만든다.

❹ 조리작품 만드는 순서는 틀리지 않게 하여야 한다.

❺ 숙련된 기능으로 맛을 내야 하므로 조리작업 시 음식의 맛을 보지 않는다.

❻ 채점대상에서 제외되는 경우

– 시험시간 내에 과제 두 가지를 제출하지 못한 경우 : 미완성

– 시험시간 내에 제출된 과제라도 다음과 같은 경우

• 문제의 요구사항대로 작품의 수량이 만들어지지 않은 경우 : 미완성

• 해당과제의 지급재료 이외의 재료를 사용한 경우 : 오작

• 구이를 찜으로 조리하는 등과 같이 조리방법을 다르게 만든 경우 : 오작

• 불을 사용하여 만든 조리작품이 작품특성에 벗어나는 정도로 타거나 익지 않은 경우 : 실격

• 가스레인지 화구를 2개 이상 사용한 경우 : 실격

• 시험 중 시설·장비(칼, 가스레인지 등) 사용 시 감독위원 및 타 수험자의 시험 진행에 위협이 될 것으로 감독위원 전원이 합의하여 판단한 경우 : 실격

지급재료 목록

재료	수량
훈제연어(균일한 두께와 크기로 지급)	120g
당근(길이방향으로 자른 모양으로 지급)	40g
셀러리	15g
무	15g
홍피망	1/8개
청피망	1/8개
양파(중, 150g 정도)	1/8개
양상추	15g
자무(호스래디시)	10g
레몬(길이로 등분)	1/4개
생크림(조리용)	50ml
파슬리(잎, 줄기 포함)	1줄기
소금(정제염)	5g
흰 후춧가루	5g
케이퍼	6개

＊**지참준비물 추가** 연어나이프(필요시 지참, 일반 요리용 칼 대체 가능)

Key Point

• 연어는 고급 식재료로 찜, 구이, 훈제 등의 다양한 방법으로 조리되는데, 그중에서 훈제나 훈연으로 조리할 경우 낮은 온도(18~24℃)에서 굽는 cold smoking 방식을 이용한다.

• 연어는 다른 생선에 비해 비타민 A와 D가 풍부하고, 단백질과 지방 등의 영양소가 풍부하여 샐러드나 코스요리의 주요리로 활용되기도 한다.

재료

Smoked Salmon	Carrot	Celery	Turnip	Red Pimento
Green Pimento	Onion	Horseradish	Lettuce	Lemon
Fresh Cream	Parsley	Salt	White Pepper	Caper

준비작업

❶ 훈제연어 손질하기

훈제연어는 슬라이스하여 키친타월로 눌러 기름을 제거해 둔다.

❷ 채소 손질

당근, 셀러리(겉껍질을 제거), 무, 청·홍피망을 0.3cm로 채썰어
둔다.

❸ 양파, 파슬리 손질하기

양파 20g은 다져 소금물에 절여서 물기를 짜고 파슬리는 찹하여 물기를 제거한다.
나머지 양파는 채썰어 찬물에 담갔다가 행주로 물기를 비틀어 짜서 준비한다(2017년
추가).

조리작업

❶ 호스래디시 크림 만들기

생크림에 레몬즙을 뿌려 휘핑한 다음 다진 양파, 호스래디시, 파슬리찹, 레몬즙, 소금, 후추를 넣어 소스를 만들어둔다.

❷ 연어롤 만들기

김발·비닐을 깔고 훈제연어를 올려 레몬즙을 약간 뿌린 다음 준비해둔 채소를 넣어 단단하게 만 후 6개로 자른다.

❸ 완성

접시에 양상추를 깔고 훈제연어 썬 것을 올린 뒤 소스를 뿌리고 케이퍼로 장식한다. 양파는 물기 제거한 것을 곁들인다.

확인하기(채점 기준표)

❶ 훈제연어 손질하기 : 일정한 크기로 포 뜨기
❷ 호스래디시 크림 만들기 : 분량의 재료 섞기
❸ 양상추 손질 : 찬물에 담가 손질하기
❹ 롤 만들기 : 연어를 잘 펴서 말기
❺ 롤 자르기 : 6등분으로 균일하게 자르기

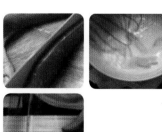

Shrimp
Canape

쉬림프 카나페

요구사항

주어진 재료를 사용하여 다음과 같이 쉬림프 카나페를 만드시오.

❶ 새우는 내장을 제거한 후 미르포아(Mirepoix)를 넣고 삶아서 껍질을 제거
   하시오.
❷ 달걀은 완숙으로 삶아 사용하시오.
❸ 식빵은 직경 4cm 정도의 원형으로 하고 4개 제시하시오.

수검자 유의사항

❶ 새우를 부서지지 않도록 하고 달걀 삶기에 유의한다.

❷ 빵의 수분 흡수에 유의한다.

❸ 숙련된 기능으로 맛을 내야 하므로 조리작업 시 음식의 맛을 보지 않는다.

❹ 채점대상에서 제외되는 경우

  – 시험시간 내에 과제 두 가지를 제출하지 못한 경우 : 미완성

  – 시험시간 내에 제출된 과제라도 다음과 같은 경우

- 문제의 요구사항대로 작품의 수량이 만들어지지 않은 경우 : 미완성
- 해당과제의 지급재료 이외의 재료를 사용한 경우 : 오작
- 구이를 찜으로 조리하는 등과 같이 조리방법을 다르게 만든 경우 : 오작
- 불을 사용하여 만든 조리작품이 작품특성에 벗어나는 정도로 타거나 익지 않은 경우 : 실격
- 가스레인지 화구를 2개 이상 사용한 경우 : 실격
- 시험 중 시설 · 장비(칼, 가스레인지 등) 사용 시 감독위원 및 타 수험자의 시험 진행에 위협이 될 것으로 감독위원 전원이 합의하여 판단한 경우 : 실격

지급재료 목록

새우(냉동 1팩당 40미) 4마리	레몬(길이로 등분) 1/8개
파슬리(잎, 줄기 포함) 1잎	셀러리 15g
식빵(하루 냉장보관) 1조각	양파(중, 150g 정도) 1/8개
달걀 1개	이쑤시개 1개
토마토케첩 10g	소금 5g
버터(무염) 30g	흰 후춧가루 2g
당근(둥근 모양이 유지되게 등분) 15g	

Key Point

- 카나페(Canape)란 크래커나 식빵을 잘라서 앤초비(Anchovy: 멸치 비슷한 생선을 기름에 절여 가공한 것)와 치즈 등의 재료를 올려 한입 크기로 만든 전채요리이다.
- Canape란 Couch의 불어 용어이다.
- 달걀 삶을 때 식초를 넣으면 빨리 응고되면서 더욱 깨끗한 흰색이 된다.

재료

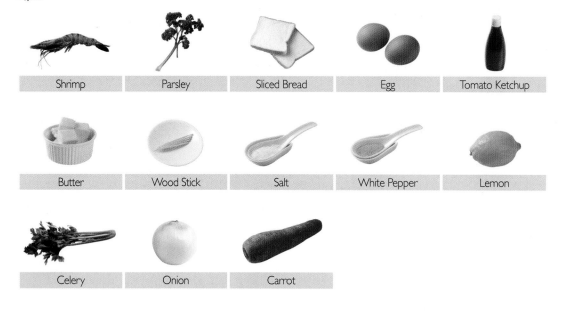

Shrimp	Parsley	Sliced Bread	Egg	Tomato Ketchup
Butter	Wood Stick	Salt	White Pepper	Lemon
Celery	Onion	Carrot		

준비작업

❶ 새우 손질하기

새우는 소금물에 씻어 등쪽 첫째 마디에 이쑤시개를
넣어 내장을 제거한 다음 머리를 잘라놓는다.

❷ 식빵 손질하기

식빵은 4㎝ 원형으로 잘라 팬에 구워서 식혀놓는다.

❸ 달걀 삶기

달걀은 물에 소금을 넣어 끓기 시작하면 12~14분간 삶는다. (끓기 시작하면 3
분간 굴리면서 삶는다.) 삶은 뒤 찬물에 담갔다가 껍질을 벗긴다.

조리작업

❶ 새우 삶기

새우는 미르포아, 소금, 레몬을 넣고 삶아서 식힌 후 껍질은 잘 벗겨놓는다.

❷ 달걀 자르기

삶은 달걀은 껍질을 벗긴 뒤 4개를 균일하게 썰어놓는다.

❸ 완성

토스트한 식빵에 버터를 고르게 펴서 바르고 ②의 달걀을 얹은 뒤 새우를 얹고 토마토케첩을 젓가락으로 찍어 바른 다음 파슬리 한 잎으로 장식한다.

TIP

1. 새우는 오버쿠킹(Over Cooking)되지 않도록 삶는다.
2. 새우는 완전히 식힌 후에 껍질을 벗겨야 매끄럽게 벗겨진다.
3. 달걀을 삶을 때 돌려주어 노른자가 가운데에 위치하도록 한다.

확인하기(채점 기준표)

❶ 새우 손질하기 : 등쪽의 내장 바르게 제거

❷ 새우 삶기 : 미르포아, 소금, 레몬을 넣고 삶기

❸ 새우 껍질 벗기기 : 살짝 삶아 꺼내어 바로 식히기, 식힌 후 머리와 껍질을 깨끗이 벗긴다.

❹ 달걀 삶기 : 소금을 넣은 물에 달걀을 굴리며 삶는다.

❺ 식빵 썰기 : 직경 4cm 원형으로 자른다.

❻ 버터 바르기 : 식빵에 버터를 고루 펴 바른다.

❼ 달걀 썰기 : 알맞게 4개로 썬다.

❽ 완성 : 새우 위에 토마토케첩과 파슬리로 장식

Potato Cream Soup

포테이토 크림수프

요구사항

주어진 재료를 사용하여 다음과 같이 포테이토 크림수프를 만드시오.

❶ 완성된 수프의 양이 200㎖ 정도 되도록 하시오.

❷ 수프의 색과 농도를 맞추시오.

❸ 크루통(crouton)의 크기는 사방 0.8cm~1cm 정도로 만들어 버터에 볶아
　수프에 띄우시오.

수검자 유의사항

❶ 수프의 농도를 잘 맞추어야 한다.

❷ 수프를 끓일 때 생기는 거품을 걷어내어야 한다.

❸ 조리작품 만드는 순서는 틀리지 않게 하여야 한다.

❹ 숙련된 기능으로 맛을 내야 하므로 조리작업 시 음식의 맛을 보지 않는다.

❺ 채점대상에서 제외되는 경우

 – 시험시간 내에 과제 두 가지를 제출하지 못한 경우 : 미완성

 – 시험시간 내에 제출된 과제라도 다음과 같은 경우

 • 문제의 요구사항대로 작품의 수량이 만들어지지 않은 경우 : 미완성

 • 해당과제의 지급재료 이외의 재료를 사용한 경우 : 오작

 • 구이를 찜으로 조리하는 등과 같이 조리방법을 다르게 만든 경우 : 오작

 • 불을 사용하여 만든 조리작품이 작품특성에 벗어나는 정도로 타거나 익지 않은 경우 : 실격

 • 가스레인지 화구를 2개 이상 사용한 경우 : 실격

 • 시험 중 시설·장비(칼, 가스레인지 등) 사용 시 감독위원 및 타 수험자의 시험 진행에 위협이 될 것으로
   감독위원 전원이 합의하여 판단한 경우 : 실격

지급재료 목록

감자 200g	식빵 1조각
양파 1/4개	버터(무염) 15g
대파(흰 부분 10㎝) 1토막	월계수잎 1잎
치킨 스톡(물로 대체 가능) 270ml	흰 후춧가루 1g
생크림 20g	소금(정제염) 2g

Key Point

 • 크림수프는 마지막 마무리 단계에서 크림을 첨가하여 부드러움을 준다. 달걀노른자와 생크림은
   불을 끄고 넣어 농도를 조절하고 부드럽게 하는 작업을 몬테(Monte)라고 한다.
 • 채소를 이용한 수프를 만들 때에도 채소 퓌레(Puree)를 만들어 사용한다.
 • 크루통(Crouton)이란 식빵을 0.7~1cm 크기로 잘라 오븐에 굽거나 기름에 튀겨 갈색이 나도록
   만든 것이다.

재료

| Potato | Onion | Leek | Chicken Stock | Fresh Cream |

| Sliced Bread | Butter | Bay Leaf | White Pepper | Salt |

준비작업

❶ 재료 손질

감자는 껍질을 벗기고 절반으로 자른 다음 이등분하여 얇게 슬라이
스하여 물에 담가둔다. 양파는 다지고 파는 채썰어 놓는다.

 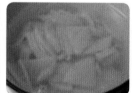 

❷ 크루통(Crouton) 만들기

식빵은 0.8㎝로 썰어 버터에 갈색이 나도록 볶아 흡수지로 기름을 제거한다.

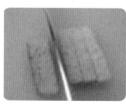  

❸ 파슬리는 다져서 물기를 제거해 놓는다.

조리작업

❶ 양파, 파, 감자 볶기

소스 팬에 버터를 녹이고 양파와 파를 넣고 투
명해지도록 볶은 다음 감자를 넣고 볶는다.

❷ 끓이기

물(300ml)과 월계수잎을 넣어 뚜껑을 덮고 은
근하게 끓인 다음 감자가 푹 익으면 체에 내려
놓는다(감자 퓌레).

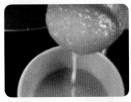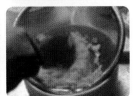

❸ 2를 다시 소스 팬에 담아 끓인 다음 생크림을
약간 넣고 소금, 흰 후추로 간을 맞춘다.

❹ 농도 맞추기

수프가 끓으면 불에서 내려 생크림으로 농도를
조절한다.

❺ 담기

수프볼에 담고 크루통을 얹어낸다.

> **TIP**
>
> 1. 새우는 오버쿠킹(Over Cooking)되지 않도록 삶는다.
> 2. 새우는 완전히 식힌 후에 껍질을 벗겨야 매끄럽게 벗겨진다.
> 3. 달걀을 삶을 때 돌려주어 노른자가 가운데에 위치하도록 한다.

확인하기(채점 기준표)

❶ 감자, 파 썰기 : 깨끗이 다듬고 씻어 감자는 껍질을 벗겨 슬라이스하고, 파(흰 부분)는 가늘게 채썬다.

❷ 양파 다지기 : 일정한 굵기로 썬다.

❸ 볶기 : 버터를 두르고 양파, 파, 감자를 순서대로 넣어 색깔이 나지 않도록 충분히 잘 볶는다.

❹ 스톡 부어 끓이기 : 채소 볶을 때 스톡(물)을 넣고 충분히 익힌다.

❺ 거르기 : 충분히 끓여 거른 후 간을 맞춘다.

❻ 농도 맞추기 : 크림을 넣어 농도를 맞추고 흰 후추와 소금으로 간한다.

❼ 크루통 만들기 : 식빵을 사방 0.8cm 크기로 썰어 갈색이 나도록 볶아 수프 위에 뿌린다.

French
Onion
Soup

프렌치
어니언 수프

시험시간
40분

요구사항

주어진 재료를 사용하여 다음과 같이 프렌치 어니언 수프를 만드시오.

❶ 양파는 5㎝ 크기의 길이로 일정하게 써시오.

❷ 바게트빵에 마늘버터를 발라 구워서 사용하시오.

❸ 완성된 수프의 양은 200㎖ 정도로 하시오.

수검자 유의사항

❶ 수프의 색깔이 갈색이 나도록 하여야 한다.

❷ 조리작품 만드는 순서는 틀리지 않게 하여야 한다.

❸ 숙련된 기능으로 맛을 내야 하므로 조리작업 시 음식의 맛을 보지 않는다.

❹ 채점대상에서 제외되는 경우

– 시험시간 내에 과제 두 가지를 제출하지 못한 경우 : 미완성

– 시험시간 내에 제출된 과제라도 다음과 같은 경우

• 문제의 요구사항대로 작품의 수량이 만들어지지 않은 경우 : 미완성

• 해당과제의 지급재료 이외의 재료를 사용한 경우 : 오작

• 구이를 찜으로 조리하는 등과 같이 조리방법을 다르게 만든 경우 : 오작

• 불을 사용하여 만든 조리작품이 작품특성에 벗어나는 정도로 타거나 익지 않은 경우 : 실격

• 가스레인지 화구를 2개 이상 사용한 경우 : 실격

• 시험 중 시설 · 장비(칼, 가스레인지 등) 사용 시 감독위원 및 타 수험자의 시험 진행에 위협이 될 것으로 감독위원 전원이 합의하여 판단한 경우 : 실격

지급재료 목록

양파(대, 200g 정도)	1개	마늘(중, 깐 것)	1쪽
맑은 스톡(비프 스톡 또는 콩소메, 물로 대체 가능)	270ml	백포도주	15ml
바게트빵	1조각	파슬리(잎, 줄기 포함)	1줄기
버터(무염)	20g	소금(정제염)	2g
파마산 치즈	10g	검은 후춧가루	1g

Key Point

• 프렌치 어니언 수프는 우리나라의 뚝배기와 같이 오븐에 수프볼째로 구워 식탁에 그릇째로 제공한다.

• 어니언 수프볼(Onion Soup Bowl)을 사용한다. (내열성 사기그릇으로 접시와 세트로 되어 있다.)

재료

Onion	Chicken Stock	Baguette Bread	Butter	Parmesan Cheese
Garlic	White Wine	Parsley	Salt	Black Pepper

준비작업

❶ 양파 썰기

양파는 속껍질을 제거하고 뿌리의 끝을 손질하여 길이 5㎝ 정도로
일정하게 채썬다.

❷ 파슬리 다지기

파슬리는 잎만 따서 잘게 다져 소창으로 짜서 가루를 만든다.

❸ 마늘 다지기

마늘은 곱게 다져놓는다.

❹ 바게트 빵 굽기

버터에 다진 마늘, 다진 파슬리가루를 넣어 갈릭버터를 만든 후 빵의 한 면에
갈릭버터를 바르고, 치즈를 뿌려 갈색으로 구워 수프에 얹어낸다.

조리작업

❶ 양파 볶기

팬에 버터와 양파를 넣어 젓가락으로 휘저으면서 갈색이 나도록 잘 볶는다. (중간에 물 첨가)

❷ 스톡 부어 끓이기

볶은 양파에 스톡 혹은 물을 넣어 양파색이 갈색이 나도록 충분히 끓이다가 도중에 떠오르는 거품은 수시로 거둬낸다.

❸ 간 맞추기

소금, 후추를 넣어 간을 맞춘 다음 와인을 넣어 살짝 끓인다.

❹ 담기

수프를 담고 구운 바게트 빵을 얹어서 낸다.

TIP

1. 양파의 가운데 부분은 별도로 꺼내서 분리한 후 썰어야 일정한 크기가 될 수 있다.
2. 양파를 볶을 때 눌어붙는 경우에는 육수나 물을 한 스푼씩 넣어주며 볶아야 한다.
3. 끓이는 도중에 뜨는 거품과 기름기 등은 걷어내야 하며 불 조절을 잘해야 한다(센 불 → 중불).

확인하기(채점 기준표)

❶ 양파 썰기 : 양파는 뿌리와 끝을 손질하여 길이 5㎝ 정도로 일정하게 채썬다.

❷ 양파 볶기 : 팬을 달구어 버터를 녹이고 양파가 갈색이 나도록 잘 볶는다.

❸ 스톡 부어 끓이기 : 볶은 양파에 스톡을 넣고 양파색이 갈색이 나도록 충분히 끓인다.

❹ 거품 거둬내기 : 수프를 끓이면서 생긴 거품을 거두어내고 깨끗하게 한다.

❺ 간 맞추기 : 소금, 후추를 넣어 간을 맞추고 와인을 넣어 살짝 끓인다.

❻ 빵 굽기 : 바게트빵에 버터, 마늘, 파슬리 다진 것, 치즈를 뿌려 갈색으로 구워 수프에 얹어낸다.

Minestrone Soup

미네스트로니 수프

시험시간 **30분**

요구사항

주어진 재료를 사용하여 다음과 같이 미네스트로니 수프를 만드시오.

① 채소는 사방 1.2cm, 두께 0.2cm 정도로 써시오.

② 스트링빈스, 스파게티는 1.2cm 정도의 길이로 써시오.

③ 국물과 고형물의 비율을 3 : 1로 하시오.

④ 파슬리 가루를 뿌리시오.

수검자 유의사항

❶ 수프의 색과 농도를 잘 맞추어야 한다.

❷ 조리작품 만드는 순서는 틀리지 않게 하여야 한다.

❸ 숙련된 기능으로 맛을 내야 하므로 조리작업 시 음식의 맛을 보지 않는다.

❹ 채점대상에서 제외되는 경우

- 시험시간 내에 과제 두 가지를 제출하지 못한 경우 : 미완성
- 시험시간 내에 제출된 과제라도 다음과 같은 경우
- 문제의 요구사항대로 작품의 수량이 만들어지지 않은 경우 : 미완성
- 해당과제의 지급재료 이외의 재료를 사용한 경우 : 오작
- 구이를 찜으로 조리하는 등과 같이 조리방법을 다르게 만든 경우 : 오작
- 불을 사용하여 만든 조리작품이 작품특성에 벗어나는 정도로 타거나 익지 않은 경우 : 실격
- 가스레인지 화구를 2개 이상 사용한 경우 : 실격
- 시험 중 시설·장비(칼, 가스레인지 등) 사용 시 감독위원 및 타 수험자의 시험 진행에 위협이 될 것으로 감독위원 전원이 합의하여 판단한 경우 : 실격

지급재료 목록

양파(중, 150g 정도)	1/4개	버터(무염)	5g
양배추	40g	파슬리(잎, 줄기 포함)	1줄기
토마토(중, 150g 정도)	1/8개	스파게티	2가닥
무	10g	베이컨(20g 정도)	1줄
당근(둥근 모양이 유지되게 등분)	40g	마늘	1쪽
스트링빈스(채두로 대체 가능)	2줄기	정향	1개
치킨 스톡(물로 대체 가능)	200ml	소금(정제염)	2g
완두콩	5알	검은 후춧가루	2g
셀러리	30g	월계수잎	1장
토마토 페이스트	15g		

Key Point

- 미네스트로니 수프는 이탈리아의 밀라노식 수프로 채소류와 Pasta(면류), 콩류 등을 넣은 걸쭉한 수프로 한 끼 식사로도 대용할 수 있다.
- 수프가 거의 완성될 때 스파게티를 넣어서 끓이면 농도가 약간 생긴다.

재료

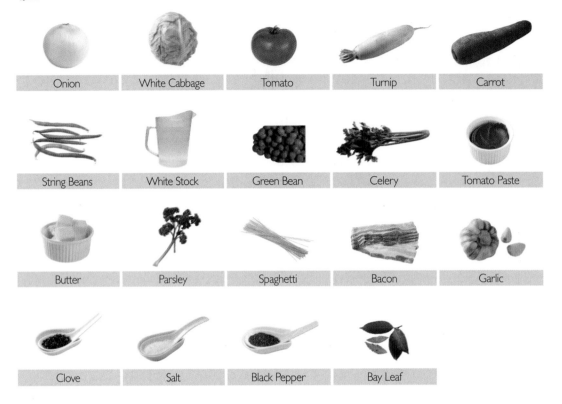

Onion	White Cabbage	Tomato	Turnip	Carrot
String Beans	White Stock	Green Bean	Celery	Tomato Paste
Butter	Parsley	Spaghetti	Bacon	Garlic
Clove	Salt	Black Pepper	Bay Leaf	

준비작업

❶ 토마토 손질 및 스파게티 삶기

① 토마토는 데친 다음 껍질과 씨를 제거해서 다져둔다.
② 스파게티는 끓는 물에 소금과 식용유를 넣어 삶은 다음 1.2㎝
　로 썰어둔다.

❷ 채소 썰기

양파, 셀러리(편으로 얇게 썬다), 당근, 무, 양배추는 가로, 세로 1.2㎝, 두께 0.1㎝ 정도로 자른다.
껍질콩은 1.2㎝ 길이로 썬다. 마늘은 다진다.

❸ 파슬리 다지기

파슬리잎을 다져 물기를 제거한다.

❹ 어니언 피케 만들기

양파에 월계수잎을 정향으로 고정한다.

조리작업

❶ 볶기

팬이 따뜻해지면 버터를 녹인 다음 베이컨, 마늘, 양파, 당근, 무, 셀러리, 양배추의 순으로 볶다가 토마토 페이스트를 넣어 약한 불에 잘 볶는다.

❷ 끓이기

물을 붓고 어니언 피케를 넣고 끓이다가 토마토, 스파게티, 껍질콩, 완두를 넣고 끓이는데 다 끓으면 거품을 걷어낸다.

❸ 완성

소금, 후추로 간한 뒤 그릇에 담고 파슬리가루를 뿌려낸다.

 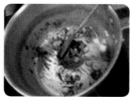 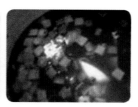

TIP 🌸

1. 수프를 끓이는 도중에 뜨는 거품과 기름기를 제거한다.
2. 페이스트는 약불에 충분히 볶아야 한다.
3. 스파게티를 넣은 후에는 약한 불에서 잠시만 끓여야 한다.

확인하기(채점 기준표)

❶ 채소 썰기 : 채소는 1.2cm로 썬다.

❷ 스파게티 삶기 : 스파게티는 물에 소금과 식용유를 넣은 후 삶는다.

❸ 스파게티, 빈스 썰기 : 1.2cm로 썬다.

❹ 채소 볶기 : 베이컨, 양파, 당근, 무 순으로 볶는다.

❺ 월계수잎 건지기 : 소스 농도가 거의 나오면 월계수잎을 건진 뒤 간을 한다.

❻ 볼에 담고 파슬리를 곱게 다져 뿌린다.

Fish Chowder Soup

피시 차우더 수프

요구사항

주어진 재료를 사용하여 다음과 같이 피시 차우더 수프를 만드시오.

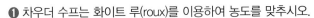

❶ 차우더 수프는 화이트 루(roux)를 이용하여 농도를 맞추시오.

❷ 채소는 0.7×0.7×0.1㎝, 생선은 1×1×1㎝ 정도 크기로 써시오.

❸ 완성된 수프는 200㎖ 정도로 내시오.

수검자 유의사항

❶ 피시스톡을 만들어 사용하고 수프는 흰색이 나와야 한다.

❷ 베이컨은 기름을 빼고 사용한다.

❸ 조리작품 만드는 순서는 틀리지 않게 하여야 한다.

❹ 숙련된 기능으로 맛을 내야 하므로 조리작업 시 음식의 맛을 보지 않는다.

❺ 채점대상에서 제외되는 경우

－ 시험시간 내에 과제 두 가지를 제출하지 못한 경우 : 미완성

－ 시험시간 내에 제출된 과제라도 다음과 같은 경우

• 문제의 요구사항대로 작품의 수량이 만들어지지 않은 경우 : 미완성

• 해당과제의 지급재료 이외의 재료를 사용한 경우 : 오작

• 구이를 찜으로 조리하는 등과 같이 조리방법을 다르게 만든 경우 : 오작

• 불을 사용하여 만든 조리작품이 작품특성에 벗어나는 정도로 타거나 익지 않은 경우 : 실격

• 가스레인지 화구를 2개 이상 사용한 경우 : 실격

• 시험 중 시설 · 장비(칼, 가스레인지 등) 사용 시 감독위원 및 타 수험자의 시험 진행에 위협이 될 것으로 감독위원 전원이 합의하여 판단한 경우 : 실격

지급재료 목록

대구살(해동 지급) 50g	밀가루(중력분) 15g
베이컨(길이 25~30㎝) 1/2조각	버터(무염) 20g
양파(중, 150g 정도) 1/6개	월계수잎 1잎
감자(150g 정도) 1/5개	소금(정제염) 2g
셀러리 30g	흰 후춧가루 2g
우유 200ml	정향 1개

Key Point

• Chowder란 국물이 적고 건더기가 맑으며 주로 조개, 생선, 감자 및 채소로 만든 크림 형태의 수프이다(고형물과 국물비율은 50 : 50으로 한다).

• Chowder는 우유나 크림을 혼합하는 것이 일반적이고 농도를 내기 위하여 루(Roux)를 사용한다.

• 가니쉬(Garnish)로 파프리카(Paprika)를 뿌리기도 한다.

재료

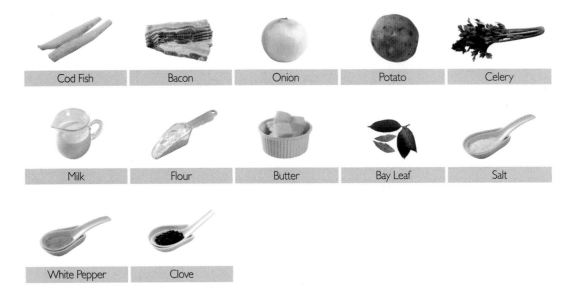

Cod Fish	Bacon	Onion	Potato	Celery
Milk	Flour	Butter	Bay Leaf	Salt
White Pepper	Clove			

준비작업

❶ 생선, 베이컨 썰기

생선살은 1㎝×1㎝로 썰고, 베이컨도 생선과 같은 크기로
썰어놓는다.

❷ 채소 손질

셀러리는 껍질을 벗기고 0.7㎝×0.7㎝×0.1㎝로 썰어 놓
는다. (섬유질과 같은 방향으로 썬다.)
양파(일부는 정향을 꽂기 위해 남긴다), 감자는 셀러리와 같은
크기로 썰어서 물에 담가놓는다.

❸ 어니언 피케 준비하기

양파에 월계수잎을 정향으로 꽂아놓는다.

조리작업

❶ 생선 스톡 만들기

물 1컵에 생선살을 데친 다음 소창에 걸러 생선살은 건더기로 사용하고 물은 스톡으로 사용한다.

❷ 감자, 베이컨, 채소 볶기

감자, 베이컨을 먼저 볶아낸 다음 양파, 셀러리는 살짝 볶아낸다(기름 제거).

❸ 끓이기

버터가 반쯤 녹으면 밀가루를 넣어 색이 나지 않도록 약한 불에 잘 볶아 화이트 루를 만든 다음 생선 스톡을 넣고 채소와 생선살(1/2)을 넣어 우유로 농도를 맞추고 어니언 피케를 넣어 끓인 후 어니언 피케를 건져낸 뒤 소금, 후추로 간을 맞춘다.

TIP

1. 베이컨과 생선살은 익으면 수축되므로 채소보다 크게 썰어야 한다.
2. 셀러리는 섬유소를 제거하고, 오래 볶으면 갈변하므로 살짝 볶아주어야 한다.
3. 감자는 익으면 부서지기 쉬우므로 주의하여 저어야 하며 은근히 끓여주어야 한다.

확인하기(채점 기준표)

❶ 채소 썰기 : 채소와 베이컨을 요구사항대로 일정하게 썬다.

❷ 생선 썰기 : 생선은 1㎝ 길이와 넓이로 썰어야 한다.

❸ 감자, 베이컨, 채소 볶기 : 썬 감자, 베이컨을 먼저 볶아내고 양파, 셀러리 순으로 볶아야 한다.

❹ 생선 스톡 만들기 : 물 1컵에 생선살을 넣고 데쳐서 체에 밭친 후 그 국물을 사용한다.

❺ 완성 : 화이트 루에 생선 스톡을 붓고 채소와 생선을 넣고 우유로 농도를 맞춰 끓인 후 어니언 피케를 건지고 소금, 후추로 간을 맞춘다.

Beef Consomme Soup

비프 콩소메
수프

요구사항

주어진 재료를 사용하여 다음과 같이 비프 콩소메 수프를 만드시오.

❶ 어니언 브루리(Onion Brule)를 만들어 사용하시오.

❷ 양파를 포함한 채소는 채썰어 향신료, 소고기, 달걀흰자, 머랭과 함께 섞어
   사용하시오.

❸ 완성된 수프는 맑고 갈색이 되도록 하시오.

❹ 완성된 수프의 양은 200㎖ 정도 되도록 하시오.

수검자 유의사항

❶ 맑은 갈색의 수프가 되도록 불 조절에 유의한다.

❷ 양파를 포함한 채소는 채썰어 향신료, 소고기, 달걀흰자 머랭과 함께 섞어 사용하시오.

❸ 조리작품 만드는 순서는 틀리지 않게 하여야 한다.

❹ 숙련된 기능으로 맛을 내야 하므로 조리작업 시 음식의 맛을 보지 않는다.

❺ 채점대상에서 제외되는 경우

– 시험시간 내에 과제 두 가지를 제출하지 못한 경우 : 미완성

– 시험시간 내에 제출된 과제라도 다음과 같은 경우

• 문제의 요구사항대로 작품의 수량이 만들어지지 않은 경우 : 미완성

• 해당과제의 지급재료 이외의 재료를 사용한 경우 : 오작

• 구이를 찜으로 조리하는 등과 같이 조리방법을 다르게 만든 경우 : 오작

• 불을 사용하여 만든 조리작품이 작품특성에 벗어나는 정도로 타거나 익지 않은 경우 : 실격

• 가스레인지 화구를 2개 이상 사용한 경우 : 실격

• 시험 중 시설·장비(칼, 가스레인지 등) 사용 시 감독위원 및 타 수험자의 시험 진행에 위협이 될 것으로 감독위원 전원이 합의하여 판단한 경우 : 실격

지급재료 목록

쇠고기(살코기 간 것) 70g	소금(정제염) 2g
양파(중, 150g 정도) 1개	검은 후춧가루 2g
당근(둥근 모양이 유지되게 등분) 40g	파슬리(잎, 줄기 포함) 1줄기
셀러리 30g	정향 1개
토마토(중, 150g 정도) 1/4개	월계수잎 1잎
달걀 1개	비프 스톡(육수, 물로 대체 가능) 300ml
검은 통후추 1개	

Key Point

• 콩소메란 스톡에 주재료를 넣어 맛이 우러나도록 한 다음 정제하여 투명하게 만든 맑은 수프의 일종이다.

• 수프의 향과 색깔을 내기 위해 양파를 갈색이 나게 태우는데 이것을 Onion Brule(Charred Onion)라 한다.

• 콩소메에 여러 가지 장식(Garnish)을 넣을 수 있으며 장식에 따라 수프의 이름이 달라진다.

재료

Beef Ground	Onion	Carrot	Celery	Tomato
Egg	Whole Pepper	Salt	Black Pepper	Parsley
Clove	Bay Leaf	Brown Stock		

준비작업

❶ 향신료 다발(Bouquet Garni : 부케가르니) 만들기

파슬리 줄기, 양파, 월계수잎 씻은 것을 정향으로 싸서 고정한다.

❷ 채소 준비

양파, 당근, 셀러리를 곱게 채썰어 놓는다. (Mirepoix라 한다.)

❸ 토마토 손질하기

토마토를 끓는 물에 데쳐 씨와 껍질을 제거하고 사각으로 썬다(Tomato Concasser).

❹ 흰자 준비하기

흰자는 깨끗한 볼에 넣어 거품을 충분히 낸다.

❺ 쇠고기 손질하기

간 고기는 그대로 쓰고 덩어리고기는 기름기를 제거해서 다져놓는다.

조리작업

❶ 어니언 부루리 만들기

팬이 뜨거워지면 양파 밑둥을 1㎝ 정도 잘라 짙은 갈색이 나도록 태운다.(양파의 향과 색을 내기 위해서)

❷ 재료 섞기

달걀 거품 낸 것에 채소 썬 것, 통후추, 쇠고기 다진 것, 소금, 후추, 토마토 썬 것을 넣어 가볍게 섞는다.

❸ 끓이기

소스 팬에 찬물(혹은 스톡) 800ml 정도를 넣고 2를 넣어 잘 저은 후 끓인다. (끓기 직전까지는 때때로 저어주는 것이 좋다.) 끓어오르면 구멍을 내고 향신료 다발, 양파 태운 것을 넣어 중간불로 끓인 다음 소금, 후추로 간한다.

❹ 거르기

체에 소창을 2겹으로 깐 후 걸러낸다.

❺ 여분의 기름 제거하기

수프에 기름이 뜨면 흡수지를 살짝 얹어 기름을 제거한다.

❻ 담기

수프 그릇에 200ml 정도를 담는다.

TIP

1. 쇠고기가 덩어리로 나올 경우에는 다져서 사용한다.
2. 용기는 바닥이 두껍고 깊은 냄비가 좋다.
3. 양파는 충분히 갈색을 내주어야 수프의 색상이 좋게 된다.
4. 수프를 거를 때 조심하여 덩어리가 파손되지 않도록 해야 한다.

확인하기(채점 기준표)

❶ 양파 태우기 : 양파의 색과 향이 나도록 태우기

❷ 채소 썰기 : 적당히 채썰기

❸ 흰자 기포 만들기 : 흰자 거품 충분히 내기

❹ 재료 혼합하기 : 모든 재료를 잘 섞기

❺ 재료 넣어 끓이기 : 불 조정을 잘하여 끓이기

Waldorf
Salad

월도프 샐러드

시험시간
20분

요구사항

주어진 재료를 사용하여 다음과 같이 월도프 샐러드를 만드시오.

❶ 사과, 셀러리, 호두알을 사방 1cm 정도의 크기로 써시오.

❷ 사과의 껍질과 호두알의 속껍질을 벗겨 사용하시오.

❸ 상추를 깔고 놓으시오.

수검자 유의사항

❶ 사과의 변색에 유의한다.

❷ 조리작품 만드는 순서는 틀리지 않게 하여야 한다.

❸ 숙련된 기능으로 맛을 내야 하므로 조리작업 시 음식의 맛을 보지 않는다.

❹ 채점대상에서 제외되는 경우

– 시험시간 내에 과제 두 가지를 제출하지 못한 경우 : 미완성

– 시험시간 내에 제출된 과제라도 다음과 같은 경우

• 문제의 요구사항대로 작품의 수량이 만들어지지 않은 경우 : 미완성

• 해당과제의 지급재료 이외의 재료를 사용한 경우 : 오작

• 구이를 찜으로 조리하는 등과 같이 조리방법을 다르게 만든 경우 : 오작

• 불을 사용하여 만든 조리작품이 작품특성에 벗어나는 정도로 타거나 익지 않은 경우 : 실격

• 가스레인지 화구를 2개 이상 사용한 경우 : 실격

• 시험 중 시설·장비(칼, 가스레인지 등) 사용 시 감독위원 및 타 수험자의 시험 진행에 위협이 될 것으로 감독위원 전원이 합의하여 판단한 경우 : 실격

지급재료 목록

사과(200~250g 정도) 1개
셀러리 30g
양상추(잎상추로 대체 가능) 2잎
호두(중, 겉껍질 제거한 것) 2개
마요네즈 60g

레몬(길이로 등분) 1/4개
소금(정제염) 2g
흰 후춧가루 1g
이쑤시개 1개

Key Point

• Waldorf란 뉴욕의 한 Hotel 이름이며, 이 호텔에서 처음으로 이 Salad를 사용하였다.

• 사과의 변색을 막기 위하여 레몬즙이나 소금, 혹은 설탕 탄 물을 사용한다.

재료

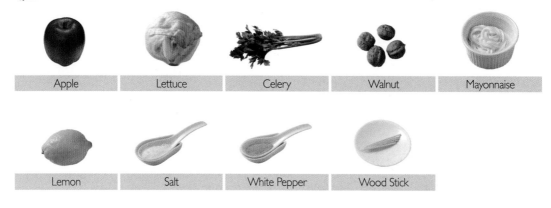

Apple	Lettuce	Celery	Walnut	Mayonnaise

Lemon	Salt	White Pepper	Wood Stick

준비작업

❶ 양상추 물에 담그기

❷ 사과 썰기

사과는 껍질을 벗겨 1cm×1cm×1cm로 썰어 레몬즙이나 소금을
탄 물에 담가놓는다.

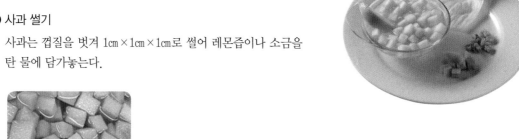

❸ 셀러리 썰기

셀러리는 껍질을 벗겨 1cm 길이로 썰어놓는다.

❹ 호두 껍질 벗기기

호두는 끓는 물에 10분 정도 담갔다가 이쑤시개를 사용하여 속껍질을 벗긴 후
반은 장식으로 반은 1cm 크기로 썰어놓는다.

조리작업

❶ 마요네즈 섞기

물기를 제거한 사과와 셀러리를 섞어 마요네즈, 소금, 후추를 뿌려 버무린다.
(마요네즈는 흘러내리지 않을 정도로 넣는다.)

❷ 담기

상추는 소창으로 물기를 닦은 다음 접시 밑에 깔고 1을 소복하게 담는다.

❸ 호두알 장식하기

썰어둔 호두를 예쁘게 얹어낸다.

TIP

1. 사과는 모든 재료를 섞기 직전에 썰어서 섞어야 색깔이 변하는 것을 방지할 수 있다.
2. 호두의 속껍질은 꼬치를 이용해서 벗겨내야 한다.
3. 양상추는 물기를 완전히 제거한 후 접시에 깔아야 한다.
4. 완성접시에 담은 후 모든 재료가 골고루 보이도록 젓가락을 이용하여 적절히 배열한다.

확인하기(채점 기준표)

❶ 사과 다듬기 및 썰기 : 사과의 껍질과 씨를 제거하여 사방 1㎝ 크기로 고르게 썬다.

❷ 사과 변색처리 : 소금 또는 레몬즙을 탄 물에 사과를 담갔다가 물기를 제거한다.

❸ 셀러리 다듬기 및 썰기 : 억센 섬유질을 제거하여 사방 1㎝ 크기로 고르게 썬다.

❹ 호두알 다듬기 및 썰기 : 호두알의 속껍질을 상처 없이 제거하여 1㎝ 정도로 썬다.

❺ 사과, 셀러리 버무리기 : 사과, 셀러리에 마요네즈, 소금, 후추를 넣고 섞어 마요네즈가 흘러내리지 않아야 한다.

❻ 상추 다듬기 및 썰기 : 상추를 다듬어 깨끗이 씻은 뒤 한두 잎 깔고 모양 있게 사용한다.

❼ 호두알 얹기 : 썬 호두를 예쁘게 얹는다.

월도프 샐러드의 어원

Maitre d'hotel의 Oscar Michel Tschirky(1865~1950)가 1896년 3월 9일 New York의 Waldorf Astoria Hotel의 개관식에서 처음 만들었다고 한다.

Oscar는 Waldorf Astoria Hotel의 개관식부터 1943년 12월에 은퇴할 때까지 근무하였으며 "Oscar of the Waldorf"라는 요리책을 발간하였는데 이 책에서 이 샐러드를 사과와 셀러리 그리고 마요네즈를 사용해서 만드는 요리법으로 소개하였고, 1981년에 Ted James와 Rosalind Cole이 출판한 책에 호두가 첨가되었다.

Potato
Salad

포테이토 샐러드

시험시간
30분

요구사항

주어진 재료를 사용하여 다음과 같이 포테이토 샐러드를 만드시오.

❶ 감자는 껍질을 벗긴 후 1cm 정도의 정육면체로 썰어서 삶으시오.

❷ 양파는 곱게 다져 매운맛을 제거하시오.

❸ 파슬리는 다져서 사용하시오.

수검자 유의사항

❶ 감자는 잘 익고 부서지지 않도록 유의하고 양파의 매운맛 제거에 유의한다.

❷ 양파와 파슬리는 뭉치지 않도록 버무린다.

❸ 조리작품 만드는 순서는 틀리지 않게 하여야 한다.

❹ 숙련된 기능으로 맛을 내야 하므로 조리작업 시 음식의 맛을 보지 않는다.

❺ 채점대상에서 제외되는 경우

– 시험시간 내에 과제 두 가지를 제출하지 못한 경우 : 미완성

– 시험시간 내에 제출된 과제라도 다음과 같은 경우

• 문제의 요구사항대로 작품의 수량이 만들어지지 않은 경우 : 미완성

• 해당과제의 지급재료 이외의 재료를 사용한 경우 : 오작

• 구이를 찜으로 조리하는 등과 같이 조리방법을 다르게 만든 경우 : 오작

• 불을 사용하여 만든 조리작품이 작품특성에 벗어나는 정도로 타거나 익지 않은 경우 : 실격

• 가스레인지 화구를 2개 이상 사용한 경우 : 실격

• 시험 중 시설 · 장비(칼, 가스레인지 등) 사용 시 감독위원 및 타 수험자의 시험 진행에 위협이 될 것으로 감독위원 전원이 합의하여 판단한 경우 : 실격

지급재료 목록

감자(150g 정도)	1개	마요네즈	50g
양파(중, 150g 정도)	1/6개	소금(정제염)	5g
파슬리(잎, 줄기 포함)	1줄기	흰 후춧가루	1g

Key Point

• 채소 샐러드의 맛있는 온도는 4℃ 정도이나 감자나 마카로니 등의 전분질 식재료의 샐러드는 15℃ 전후로 차지 않게 해야 전분질의 부드러운 맛을 느낄 수 있다.

재료

| Potato | Onion | Parsley | Mayonnaise | Salt |

White Pepper

준비작업

❶ 양상추 물에 담그기

양상추는 씻어서 물에 담가둔다.

❷ 감자 썰기

감자는 1cm×1cm×1cm로 썰어 물에 헹군다.

❸ 양파 준비하기

양파는 잘게 다져 소금물에 담근 다음 소창으로 물기를 제거한다.
(매운맛과 수분을 제거한다.)

❹ 파슬리 다지기

파슬리잎은 잘게 다져 소창에 짜서 물기를 제거한다.
(감자에 섞을 것과 장식할 것을 구분해 둔다.)

조리작업

❶ 감자 삶기

소금물에 감자를 넣어 뚜껑을 닫고 감자를 삶은 다음 체에 밭쳐 식혀둔다.

❷ 섞기

감자 삶아 식힌 것, 양파 물기 제거한 것, 파슬리가루와 마요네즈, 소금, 후추를 넣어 잘 섞는다.

❸ 담기

접시에 상추를 깔고 2를 소복이 담은 다음 파슬리가루를 고르게 뿌린다.

TIP

1. 감자를 너무 삶으면 부서지므로 끓는 물에 넣고 3분 정도 경과 후에 꼬치를 꽂아 자연스럽게 들어가면 건져내어 식힌다.
2. 마요네즈는 감자가 서로 엉길 정도만 사용한다.
3. 감자는 삶은 후 찬물에 헹구지 않고 상온에서 식혀야 물기가 제거되어 마요네즈와 잘 버무려진다.

확인하기(채점 기준표)

❶ 감자 껍질 벗기기 및 썰기 : 표면이 매끈하도록 껍질을 벗겨 사방 1㎝ 크기로 일정하게 썬다.

❷ 감자 삶기 : 물에 소금을 넣고 잘 삶는다.

❸ 양파 처리 : 굵기가 일정하게 곱게 처리한다.

❹ 양파의 매운맛 제거 : 양파의 매운맛 제거작업을 잘 해야 한다.

❺ 파슬리 처리 : 잎을 모아가면서 곱게 다진다.

❻ 마요네즈에 버무리기 : 뭉치지 않게 고루 버무려야 한다.

Tuna Tartar with Salad Bouquet and Vegetable Vinaigrette

샐러드 부케를 곁들인 참치타르타르와 채소 비네그레트

요구사항

주어진 재료를 사용하여 다음과 같이 샐러드 부케를 곁들인 참치타르타르와 채소 비네그레트를 만드시오.

시험시간 **30분**

❶ 참치는 꽃소금을 사용하여 해동하고, 3∼4mm 정도의 작은 주사위 모양으로 썰어 양파, 그린올리브, 케이퍼, 처빌 등을 이용하여 타르타르를 만드시오

❷ 채소를 이용하여 샐러드 부케를 만드시오.

❸ 참치타르타르는 테이블 스푼 2개를 사용하여 퀸넬형태로 3개를 만드시오.

❹ 비네그레트는 양파, 붉은색과 노란색의 파프리카, 오이를 가로세로 2mm 정도의 작은 주사위 모양으로 썰어서 사용하고 파슬리와 딜은 다져서 사용하시오.

수검자 유의사항

❶ 썬 참치의 핏물 제거와 색의 변화에 유의하시오.

❷ 샐러드 부케 만드는 것에 유의하시오.

❸ 조리작품 만드는 순서는 틀리지 않게 하여야 한다.

❹ 숙련된 기능으로 맛을 내야 하므로 조리작업 시 음식의 맛을 보지 않는다.

❺ 채점대상에서 제외되는 경우

－ 시험시간 내에 과제 두 가지를 제출하지 못한 경우 : 미완성

－ 시험시간 내에 제출된 과제라도 다음과 같은 경우

• 문제의 요구사항대로 작품의 수량이 만들어지지 않은 경우 : 미완성

• 해당과제의 지급재료 이외의 재료를 사용한 경우 : 오작

• 구이를 찜으로 조리하는 등과 같이 조리방법을 다르게 만든 경우 : 오작

• 불을 사용하여 만든 조리작품이 작품특성에 벗어나는 정도로 타거나 익지 않은 경우 : 실격

• 가스레인지 화구를 2개 이상 사용한 경우 : 실격

• 시험 중 시설·장비(칼, 가스레인지 등) 사용 시 감독위원 및 타 수험자의 시험 진행에 위협이 될 것으로 감독위원 전원이 합의하여 판단한 경우 : 실격

지급재료 목록

붉은색 참치살(냉동 지급) 80g	그린비타민(Fresh) 4잎
양파(중, 150g 정도) 1/8개	물냉이(Fresh) 5g
그린올리브 2개	붉은색 파프리카(5~6cm 정도 길이)........ 1/4개
케이퍼 5개	팽이버섯 4g
올리브오일 5ml	양파(중, 150g 정도) 1/8개
레몬(길이로 등분) 1/4개	노란색 파프리카(Fresh, 150g 정도) 1/8쪽
핫소스 5ml	오이(길이로 반을 잘라 10등분) 1/10개
처빌(Fresh) 2줄기	파슬리(잎, 줄기 포함) 1줄기
소금(꽃소금) 5g	딜(Fresh) 3줄기
흰 후춧가루 3g	올리브오일 20ml
차이브(실파로 대체 가능) 5줄기	식초 10ml
롤로로사(잎상추로 대체 가능) 2잎	소금(정제염) 2g
그린치커리(Fresh) 2줄기	

＊지참준비물 추가 테이블스푼 2개(퀸넬용, 머리부분 가로 6cm, 세로 폭 3.5~4cm 정도)

재료

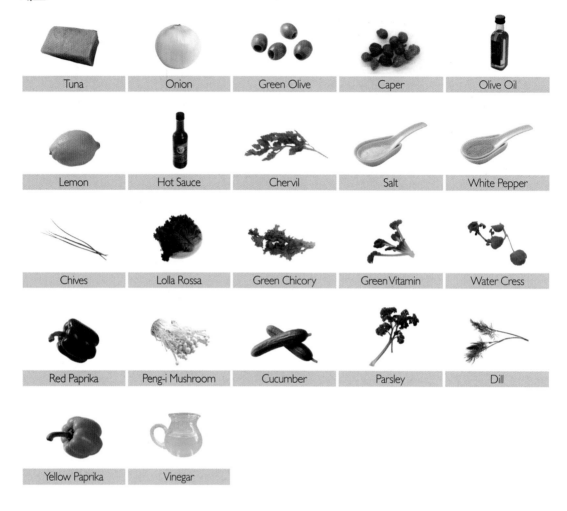

Tuna	Onion	Green Olive	Caper	Olive Oil
Lemon	Hot Sauce	Chervil	Salt	White Pepper
Chives	Lolla Rossa	Green Chicory	Green Vitamin	Water Cress
Red Paprika	Peng-i Mushroom	Cucumber	Parsley	Dill
Yellow Paprika	Vinegar			

준비작업

❶ 참치 해동하기

냉동참치는 씻어서 소금물에 담가 해동한 다음(소금물에 담가놓는 시간은 대략 5~15분 사이인데 최적의 상태를 확인하는 방법은 참치를 휘어보았을 때 단단한 느낌이 들 정도의 상태) 참치를 꺼내 해동지(없을 때는 키친타월)로 물기를 제거한 다음 감싸서 숙성시킨다. (신선실(0~3도 내외)에서 2시간 정도 숙성이 적당)

❷ 샐러드 부케용 채소 물에 담그기

롤로로사, 그린치커리, 그린비타민, 물냉이, 처빌, 차이브는 물에 담가 싱싱하게 만들어놓는다.
차이브 2줄기는 데쳐서 찬물에 헹구어 물기를 제거해 둔다.

❸ 채소 비네그레트용 채소 준비

양파, 그린올리브, 노랑 · 빨강 파프리카, 오이는 0.2cm의 다이스로 썰고 케이퍼, 딜과 파슬리는 다져놓는다.

❹ 비네그레트 만들기

볼에 소금, 후추, 식초, 레몬즙, 핫소스를 섞은 후 올리브오일을 넣어 유화시켜 놓는다.

조리작업

❶ 채소 비네그레트 만들기

만들어 놓은 비네그레트에 비네그레트용 채소 준비한 것을 넣어 완성한다.

❷ 참치타르타르 만들기

적당하게 해동된 참치는 3~4mm 정도로 다이스로 썰어서 채소 비네그레트와 섞어둔다.

❸ 샐러드 부케 만들기

롤로로사, 그린치커리, 그린비타민, 물냉이, 팽이버섯, 처빌, 차이브를 이용하여 부케를 만든다.

❹ 참치 퀸넬 만들기

채소 비네그레트에 절여둔 참치를 숟가락 두 개를 이용하여 퀸넬 형태로 만든다.

❺ 완성

중앙에 만들어 놓은 부케를 놓고 가장자리에 3개의 참치 퀸넬을 놓은 뒤 남은 소스를 뿌려 완성한다.

Key Point

- 일반적인 샐러드가 갖가지 채소를 섞어놓은 형태라면 샐러드 부케는 여러 가지 채소를 하나로 모아 부케 모양을 내어 샐러드 부케라고 부른다.
- 타르타르는 생선이나 고기를 익히지 않은 상태로 갈아 여러 가지 양념을 하고 가니쉬한 조리법으로 주로 애피타이저로 준비한다.
- 비네그레트 소스는 서양요리의 고전적인 소스로 모든 샐러드에 소스로 사용할 수 있으며, 육류와 생선을 재우거나 석쇠에 구운 고기에 바르기도 한다. 식초와 식용유, 겨자의 종류에 따라 각자의 취향에 맞는 비네그레트 소스를 만들 수 있다.
- 요리 이름이 길지만 참치손질, 채소, 소스의 세 부분이다. 재료 종류가 많지만 조리과정은 그리 복잡하지 않다.

Sea-food
Salad

해산물 샐러드

시험시간
30분

요구사항

주어진 재료를 사용하여 다음과 같이 해산물 샐러드를 만드시오.

❶ 미르포아(Mirepoix), 향신료, 레몬을 이용하여 쿠르부용을 만드시오.

❷ 준비된 쿠르부용(Court Bouillon)에 해산물을 질기지 않도록 익히시오.

❸ 샐러드 채소는 깨끗이 손질하여 싱싱하게 하시오.

❹ 레몬 비네그레트는 양파, 레몬즙, 올리브오일 등을 사용하여 만드시오.

수검자 유의사항

❶ 조리작품 만드는 순서는 틀리지 않게 하여야 한다.

❷ 숙련된 기능으로 맛을 내야 하므로 조리작업 시 음식의 맛을 보지 않는다.

❸ 채점대상에서 제외되는 경우

　– 시험시간 내에 과제 두 가지를 제출하지 못한 경우 : 미완성

　– 시험시간 내에 제출된 과제라도 다음과 같은 경우

　• 문제의 요구사항대로 작품의 수량이 만들어지지 않은 경우 : 미완성

　• 해당과제의 지급재료 이외의 재료를 사용한 경우 : 오작

　• 구이를 찜으로 조리하는 등과 같이 조리방법을 다르게 만든 경우 : 오작

　• 불을 사용하여 만든 조리작품이 작품특성에 벗어나는 정도로 타거나 익지 않은 경우 : 실격

　• 가스레인지 화구를 2개 이상 사용한 경우 : 실격

　• 시험 중 시설·장비(칼, 가스레인지 등) 사용 시 감독위원 및 타 수험자의 시험 진행에 위협이 될 것으로 감독위원 전원이 합의하여 판단한 경우 : 실격

지급재료 목록

새우(냉동 1팩당 40미) 3마리
관자살(50~60g 정도) 1개
피홍합(길이 7㎝ 이상) 3개
중합(지름 3㎝ 정도) 3개
양파(중, 150g 정도) 1/4개
마늘(중, 깐 것) 1쪽
실파 1줄기
그린치커리 2줄기
양상추 10g
롤로로사(잎상추로 대체 가능) 2잎
그린비타민(Fresh) 10잎

올리브오일 20ml
레몬(길이로 등분) 1/4개
식초 10ml
딜(Fresh) 2줄기
월계수잎 1잎
셀러리 10g
흰 통후추(검은 통후추로 대체 가능) 3개
소금(정제염) 5g
흰 후춧가루 5g
당근(둥근 모양이 유지되게 등분) 15g

　• 샐러드는 육류에 곁들이는 요리로 주로 이용되지만, 해산물 샐러드는 채소와 해산물이 곁들여져 그 자체로도 훌륭한 일품요리가 될 수 있다.

　• 곁들여지는 비네그레트 소스는 서양요리의 고전적인 소스로 모든 샐러드에 소스로 사용할 수 있으며, 육류와 생선을 재우거나 석쇠에 구운 고기에 바르기도 한다. 식초와 식용유, 겨자의 종류에 따라 각자의 취향에 맞는 비네그레트 소스를 만들 수 있다.

재료

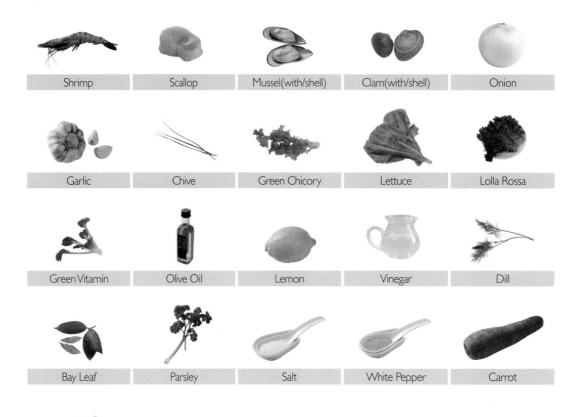

Shrimp	Scallop	Mussel(with/shell)	Clam(with/shell)	Onion
Garlic	Chive	Green Chicory	Lettuce	Lolla Rossa
Green Vitamin	Olive Oil	Lemon	Vinegar	Dill
Bay Leaf	Parsley	Salt	White Pepper	Carrot
White Whole Pepper				

준비작업

❶ 미르포아 만들기

양파, 당근, 셀러리는 2 : 1 : 1로 채썰어 준비한다.

❷ 쿠르부용 만들기

미르포아, 통후추 으깬 것, 월계수잎, 레몬즙에 물을 넣어 끓인다.

❸ 샐러드 채소 준비하기

그린치커리, 양상추, 롤로로사, 그린비타민은 물에 담가 싱싱하게 만든다.

❹ 해산물 손질하기

• 관자살 : 관자의 옆에 붙어 있는 막을 제거한 다음 포를 뜬다.

• 새우 : 수염과 등쪽 내장을 제거한 뒤 소금물에 씻어둔다.

• 피홍합, 중합 : 손질한 후 문질러 씻어 소금물에 담가서 해감시킨다.

조리작업

❶ 해산물 삶기

준비된 쿠르부용에 해산물을 살짝 데친 후 꺼내서
바로 식힌다.

❷ 채소 손질하기

샐러드 채소는 손질하여 싱싱하게 만든다.

❸ 레몬 비네그레트 만들기

레몬즙, 올리브오일, 다진 양파를 2 : 1 : 1의 비율로 섞은 후 다진 마늘, 소금, 후추로 간한다.

❹ 완성

접시에 물기 제거한 채소를 깐 뒤 데쳐놓은 해산물을 올려 소스를 뿌려낸다.
딜은 가니쉬로 사용한다.

TIP 🍳

1. 해산물은 오래 삶지 않으며 껍질째 삶아야 부드럽게 익는다.
2. 채소는 물에 담가 싱싱하게 만든 뒤 물기를 완전히 제거하여야 드레싱이 잘 스며든다.
3. 차게 해서 낸다.

확인하기(채점 기준표)

❶ 쿠르부용 만들기 : 미르포아, 향신료, 레몬 사용

❷ 새우 손질하여 삶기 : 등쪽 내장을 제거하고 껍질은 벗기지 않고 쿠르부용에 삶아 바로 찬물에 식힌다.

❸ 관자 손질하여 삶기 : 관자의 질긴 막은 제거하고 적당한 크기로 잘라 쿠르부용에 삶아 꺼내서 바로 식힌다.

❹ 중합 손질하여 삶기 : 홍합과 중합은 해감시킨 뒤 손질하여 쿠르부용에 넣고 삶아 건져서 식힌다.

❺ 샐러드 채소 손질하기 : 씻어 다듬어 찬물에 담가 싱싱하게 손질

❻ 레몬 비네그레트 만들기 : 양파 곱게 다지고(1) 물기를 제거하고 레몬즙(2), 올리브오일(1) 소금, 후추 넣어 분
리되지 않도록 만든다.

❼ 완성 : 해산물과 샐러드 채소에 레몬 비네그레트로 드레싱한다.

시험시간
30분

Brown Stock

브라운 스톡

요구사항

주어진 재료를 사용하여 다음과 같이 브라운 스톡을 만드시오.

❶ 스톡은 맑고, 갈색이 되도록 만드시오.

❷ 쇠뼈는 찬물에 담가 핏물을 제거한 후 구워서 사용하시오(2017년 변경).

❸ 향신료로 사세 데피스(sachet d'epice)를 만들어 사용하시오.

❹ 완성된 스톡의 양이 200㎖ 정도 되도록 하여 볼에 담아내시오.

수검자 유의사항

❶ 불 조절에 유의한다.

❷ 스톡이 끓을 때 생기는 거품을 걷어내야 한다.

❸ 조리작품 만드는 순서는 틀리지 않게 하여야 한다.

❹ 숙련된 기능으로 맛을 내야 하므로 조리작업 시 음식의 맛을 보지 않는다.

❺ 채점대상에서 제외되는 경우

– 시험시간 내에 과제 두 가지를 제출하지 못한 경우 : 미완성

– 시험시간 내에 제출된 과제라도 다음과 같은 경우

• 문제의 요구사항대로 작품의 수량이 만들어지지 않은 경우 : 미완성

• 해당과제의 지급재료 이외의 재료를 사용한 경우 : 오작

• 구이를 찜으로 조리하는 등과 같이 조리방법을 다르게 만든 경우 : 오작

• 불을 사용하여 만든 조리작품이 작품특성에 벗어나는 정도로 타거나 익지 않은 경우 : 실격

• 가스레인지 화구를 2개 이상 사용한 경우 : 실격

• 시험 중 시설 · 장비(칼, 가스레인지 등) 사용 시 감독위원 및 타 수험자의 시험 진행에 위협이 될 것으로 감독위원 전원이 합의하여 판단한 경우 : 실격

지급재료 목록

소뼈(2~3㎝ 정도, 자른 것) 150g	식용유 50ml
양파(중, 150g 정도) 1/2개	월계수잎 1잎
당근(둥근 모양이 유지되게 등분) 40g	정향 1개
셀러리 30g	파슬리(잎, 줄기 포함) 1줄기
토마토(중, 150g) 1개	검은 통후추 4개
버터(무염) 5g	

Key Point

• 스톡은 요리 종류에 따라 여러 가지 스톡이 사용되며 색에 따라 화이트 스톡(White Stock)과 브라운 스톡(Brown Stock)으로 나눈다.

• 브라운 스톡(Brown Stock)은 재료를 미리 갈색으로 굽거나 볶아서 국물을 낸다.

• 주재료의 종류에 따라 같은 계열의 스톡을 준비한다.

재료

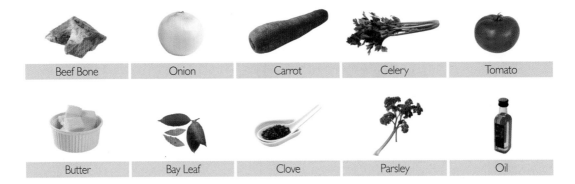

Beef Bone	Onion	Carrot	Celery	Tomato
Butter	Bay Leaf	Clove	Parsley	Oil

Black Pepper Corn

준비작업

❶ 소뼈, 토마토 손질하기

① 끓는 물에 토마토를 데쳐낸다.

② 소뼈는 찬물에 담가 핏물을 제거한 후에 사용한다.

❷ 채소 썰기

양파, 당근, 셀러리는 2.5~3㎝ 길이로 채썬다.

❸ 토마토 썰기

토마토는 껍질과 씨를 제거하고 0.5㎝×0.5㎝로 썰어 놓는다.

❹ 부케가르니 만들기

양파에 통후추를 박고, 파슬리줄기를 월계수잎으로 싸서 정향으로 고정시켜 향
신료 다발(부케가르니)을 만든다.

조리작업

❶ 소뼈, 채소 볶기

팬을 달구어 식용유를 넣어 발연점까지 온도를 높인 후 소뼈를 넣어 갈색이 나도록 구운 후 양파, 당근, 셀러리 순서로 넣어 갈색이 나도록 볶은 뒤 토마토를 넣어 잘 볶는다.

❷ 끓이기

①에 물과 부케가르니를 넣고 뚜껑을 연 채 센 불로 끓이다가 끓어오르면 중간불로 은근하게 끓인다.

❸ 거품 걷어내기

처음 끓어오를 때 떠오르는 거품과 이물질을 잘 걷어내고 끓이는 도중에 수시로 거품을 제거한다.

❹ 걸러내기

체에 소창을 여러 겹 깔고 거른 다음 수프볼에 200ml 정도 담는다.

> **TIP**
>
> 1. 스톡을 끓이는 중에 뜨는 거품이나 불순물을 제거한다.
> 2. 완성 스톡은 맑아야 하므로 불 조절에 유의한다(센 불에서 중간불로).

확인하기(채점 기준표)

❶ 소뼈 갈색내기 : 팬을 달구어 소뼈를 갈색이 나도록 잘 굽는다.

❷ 채소 썰기 : 미르포아는 2.5~3㎝ 길이로 썬다.

❸ 채소 볶기 : 팬을 달구어 갈색이 나도록 잘 볶는다.

❹ 부케가르니 만들기 : 양파, 파슬리줄기, 통후추, 정향, 월계수잎으로 부케가르니를 만들어 사용한다.

❺ 끓이기 : 처음에는 센 불로 끓이다가 중간불로 조절해서 끓인다.

❻ 거품 걷어내기 : 끓이는 도중에 수시로 거품을 걷어낸다.

❼ 걸러내기 : 체로 걸러낸다.

Thousand Island Dressing

사우전드아일랜드 드레싱

시험시간
20분

요구사항

주어진 재료를 사용하여 다음과 같이 사우전드아일랜드 드레싱을 만드시오.

❶ 드레싱은 핑크빛이 되도록 하시오.

❷ 다지는 재료는 0.2cm 정도의 크기로 하시오.

수검자 유의사항

❶ 다진 재료의 물기를 제거한다.

❷ 조리작품 만드는 순서는 틀리지 않게 하여야 한다.

❸ 숙련된 기능으로 맛을 내야 하므로 조리작업 시 음식의 맛을 보지 않는다.

❹ 채점대상에서 제외되는 경우

- 시험시간 내에 과제 두 가지를 제출하지 못한 경우 : 미완성

- 시험시간 내에 제출된 과제라도 다음과 같은 경우

• 문제의 요구사항대로 작품의 수량이 만들어지지 않은 경우 : 미완성

• 해당과제의 지급재료 이외의 재료를 사용한 경우 : 오작

• 구이를 찜으로 조리하는 등과 같이 조리방법을 다르게 만든 경우 : 오작

• 불을 사용하여 만든 조리작품이 작품특성에 벗어나는 정도로 타거나 익지 않은 경우 : 실격

• 가스레인지 화구를 2개 이상 사용한 경우 : 실격

• 시험 중 시설·장비(칼, 가스레인지 등) 사용 시 감독위원 및 타 수험자의 시험 진행에 위협이 될 것으로 감독위원 전원이 합의하여 판단한 경우 : 실격

지급재료 목록

양파	1/6개	토마토케첩	20g
오이피클	1/2개	소금(정제염)	2g
청피망	1/4개	흰 후춧가루(길이로 등분)	1g
달걀	1개	레몬	1/4개
마요네즈	70g		

Key Point

• 소스 속에 천 개의 섬이 떠 있다는 의미로 1000드레싱이라고도 한다. 위의 재료 이외에 여러 가지 다른 재료도 사용할 수 있다. 붉은 피망, 케이퍼, 그린올리브, 블랙올리브 등의 재료를 첨가할 수 있다.

• 1000드레싱의 가장 기본적인 요소는 색, 맛, 농도이다. 색은 핑크색, 맛은 마요네즈의 고소한 맛, 레몬이나 식초의 신맛, 부재료의 톡 쏘는 맛이 어우러져야 한다.

• 토마토케첩 대신에 칠리소스나 파프리카를 사용해도 된다.

재료

| Onion | Cucumber Pickle | Green Pimento | Egg | Mayonnaise |

| Tomato Ketchup | Salt | White Pepper | Lemon |

준비작업

❶ 채소 다지기

양파, 피망, 피클을 각각 0.2㎝ 굵기로 다진 다음 양파는 소금물에
절인 후 각각의 물기를 제거한다.

❷ 달걀 삶기

달걀에 식초와 소금을 넣고(13분 정도) 삶아 노른자는 체에 내리고 흰
자는 다져놓는다.

❸ 레몬즙 만들기

레몬은 즙을 짜놓는다.

조리작업

❶ 마요네즈, 토마토케첩 섞기

마요네즈에 토마토케첩을 넣어 핑크색이 되도록 섞어놓는다.

❷ 섞기

채소를 다져서 물기를 꼭 짠 뒤 손질한 달걀 절반 정도를 넣고 소금, 흰 후추를 넣은 뒤 레몬즙으로 농도를 맞춘다.

❸ 담기

접시에 담는다.

TIP 🌸

1. 양파는 소금물에 절여 면포로 물기를 제거한 후에 사용한다.
2. 마요네즈와 토마토케첩은 주어진 양이 한정되므로 주어진 재료에 따라 적절히 배합하여 만든다.

확인하기(채점 기준표)

❶ 달걀 삶기 : 달걀에 식초, 소금을 넣어 적정시간(13분 정도) 모양이 유지되게 잘 삶는다.

❷ 양파 다지기 : 다진 양파의 물기를 제거한다.

❸ 채소 다지기 : 피클, 피망은 다져서 물기를 제거한다.

❹ 달걀 다지기 : 삶은 달걀을 채소와 같은 크기로 일정하게 만든다.

❺ 레몬즙 만들기 : 레몬즙을 잘 만든다.

❻ 드레싱 재료 섞기 : 마요네즈, 양파, 피클, 케첩, 달걀, 레몬즙 또는 식초, 달걀 다진 것, 소금, 흰 후추를 골고루 섞어 농도를 되직하게 한다.

Bechamel
Sauce

베샤멜소스

요구사항

주어진 재료를 사용하여 다음과 같이 베샤멜소스를 만드시오.

❶ 화이트루(White Roux)를 만들어서 소스를 만드시오.

❷ 완성된 소스의 양이 200mL 정도 되게 하시오.

수검자 유의사항

❶ 소스의 농도와 색깔에 유의한다.

❷ 조리작품 만드는 순서는 틀리지 않게 하여야 한다.

❸ 숙련된 기능으로 맛을 내야 하므로 조리작업 시 음식의 맛을 보지 않는다.

❹ 채점대상에서 제외되는 경우

- 시험시간 내에 과제 두 가지를 제출하지 못한 경우 : 미완성
- 시험시간 내에 제출된 과제라도 다음과 같은 경우
- 문제의 요구사항대로 작품의 수량이 만들어지지 않은 경우 : 미완성
- 해당과제의 지급재료 이외의 재료를 사용한 경우 : 오작
- 구이를 찜으로 조리하는 등과 같이 조리방법을 다르게 만든 경우 : 오작
- 불을 사용하여 만든 조리작품이 작품특성에 벗어나는 정도로 타거나 익지 않은 경우 : 실격
- 가스레인지 화구를 2개 이상 사용한 경우 : 실격
- 시험 중 시설·장비(칼, 가스레인지 등) 사용 시 감독위원 및 타 수험자의 시험 진행에 위협이 될 것으로 감독위원 전원이 합의하여 판단한 경우 : 실격

지급재료 목록

우유	500mL	밀가루	30g
양파	1/2개	넛멕	2g
월계수잎	1장	소금·후추	소량
버터	30g		

재료

| Milk | Onion | Bay Leaf | Butter | Flour |
| Nutmeg | Salt | White Pepper | | |

준비작업

❶ 어니언 피케 만들기

양파를 씻어서 정향, 월계수잎을 꽂아둔다.

❷ 우유 끓이기

냄비에 우유와 어니언 피케(Onion Pique)를 넣고 약불에 끓여 가장자리에 거품
이 올라오기 시작하면 불을 끄고 뚜껑을 덮어 우유에 월계수향이 배게 한다. 체
에 걸러서 따뜻한 상태로 준비한다.

조리작업

❶ 화이트 루 만들기

소스팬에 버터를 넣고 반쯤 녹으면 밀가루를 한번에 넣고 거품기로 저어 섞은 후 나무주걱으로 잘 저어서 밀크캐러멜 색이 돌도록 볶아서 화이트 루를 만든다.

❷ 베샤멜소스 재료 섞기

불을 약불로 줄이고 끓인 우유를 조금씩 부어가며 거품기로 저어 어니언 피케를 첨가한 후 약한 불에 끓여서 체에 걸러 소스를 만든다.

❸ 간하기

넛멕, 소금, 후추로 간을 한다.

❹ 담기

접시에 담아낸다.

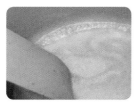 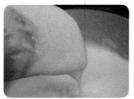

> **TIP**
>
> 1. 화이트루(White Roux)를 연한 황색으로 충분히 볶아준다.
> 2. 우유를 은근하게 시머링(Simmering)으로 끓여준다(따뜻한 우유를 첨가하면 덩어리가 잘 풀린다).

확인하기(채점 기준표)

❶ 화이트 루는 팬에 버터를 넣고 절반 정도 녹았을 때 밀가루를 넣어 볶아준다.

❷ 따뜻한 우유를 사용하며 체에 걸러 어니언 피케를 제거한다.

Italian Meat Sauce

이탈리안 미트소스

시험시간 **30분**

요구사항

주어진 재료를 사용하여 다음과 같이 이탈리안 미트소스를 만드시오.

❶ 모든 재료는 다져서 사용하시오.

❷ 그릇에 담고 파슬리 다진 것을 뿌려내시오.

수검자 유의사항

❶ 소스의 농도에 유의한다.

❷ 조리작품 만드는 순서는 틀리지 않게 하여야 한다.

❸ 숙련된 기능으로 맛을 내야 하므로 조리작업 시 음식의 맛을 보지 않는다.

❹ 채점대상에서 제외되는 경우

  – 시험시간 내에 과제 두 가지를 제출하지 못한 경우 : 미완성

  – 시험시간 내에 제출된 과제라도 다음과 같은 경우

  • 문제의 요구사항대로 작품의 수량이 만들어지지 않은 경우 : 미완성

  • 해당과제의 지급재료 이외의 재료를 사용한 경우 : 오작

  • 구이를 찜으로 조리하는 등과 같이 조리방법을 다르게 만든 경우 : 오작

  • 불을 사용하여 만든 조리작품이 작품특성에 벗어나는 정도로 타거나 익지 않은 경우 : 실격

  • 가스레인지 화구를 2개 이상 사용한 경우 : 실격

  • 시험 중 시설·장비(칼, 가스레인지 등) 사용 시 감독위원 및 타 수험자의 시험 진행에 위협이 될 것으로 감독위원 전원이 합의하여 판단한 경우 : 실격

지급재료 목록

쇠고기(살코기 간 것)	60g	월계수잎	1잎
양파(중, 150g 정도)	1/2개	파슬리(잎, 줄기 포함)	1줄기
셀러리	30g	소금(정제염)	2g
마늘(중, 간 것)	1쪽	검은 후춧가루	2g
캔 토마토(고형물)	30g	버터(무염)	10g
토마토 페이스트	30g		

Key Point

  • 라구(Ragu)는 Ragout의 이탈리아어로 육류를 즐기는 볼로냐 지방에서 즐겨 먹는 고기를 넣어 만든 토마토소스이다.
  • 이탈리아 볼로냐 지방의 대표 소스로서 볼로네제라고도 한다.

재료

Beef Ground	Onion	Celery	Garlic	Tomato Whole
Tomato Paste	Bay Leaf	Parsley	Salt	Black Pepper
Butter				

준비작업

❶ 소고기 준비

간 소고기는 다시 한 번 부드럽게 다져서 키친타월로 핏기를 제거
한다.

❷ 채소 준비

양파, 셀러리, 마늘은 다져놓는다. 토마토 홀은 으깨어 둔다.

❸ 파슬리 다지기

파슬리는 잎만 다져 물기를 제거한다.

조리작업

❶ 채소와 고기 볶기

팬이 뜨거워지면 버터를 넣고 고기를 먼저 볶다가 마늘, 양파, 셀러리 순으로 넣어 볶는다.

❷ 끓이기

2에 토마토 페이스트를 넣어 신맛이 가시도록 잘 볶은 다음 물을 넣어 잘 푼 후에 월계수잎, 캔 토마토를 넣고 농도가 나도록 끓인다.

❸ 끓이기

끓으면서 위에 떠오르는 거품은 계속 걷어낸 다음 농도가 되면 월계수잎을 건져내고, 소금, 후추로 간을 한다.

❹ 그릇에 담기

그릇에 담고 파슬리가루를 뿌려낸다.

TIP 🍳

1. 소스를 끓이는 중에 뜨는 거품과 불순물 등은 제거해 주어야 한다.
2. 미트소스는 잘 눌어붙으므로 끓이는 도중에 나무주걱으로 잘 저어주어야 한다.

확인하기(채점 기준표)

❶ 양파, 마늘, 셀러리 다지기 : 재료를 손질한 뒤 깨끗하게 씻어 양파, 마늘, 셀러리를 곱고 균일하게 잘 다진다.
❷ 볶기 : 소스 팬에 버터를 두르고 재료를 순서 있게 잘 볶는다.
❸ 끓이기 : 물과 재료를 순서에 맞게 넣고 불 조절을 하여 농도가 맞게 끓이는 작업이 숙련되어야 한다.
❹ 월계수잎 건지기 : 소스 농도가 거의 나오면 월계수잎을 건진 뒤 간을 해야 한다.
❺ 완성 : 소스 볼에 담고 파슬리를 곱게 다져 뿌린다.

Hollandaise
Sauce

홀랜다이즈
소스

요구사항

주어진 재료를 사용하여 다음과 같이 홀랜다이즈 소스를 만드시오.

❶ 양파, 식초를 이용하여 허브에센스를 만들어 사용하시오.

❷ 정제버터를 만들어 사용하시오.

❸ 소스는 중탕으로 만들어 굳지 않게 그릇에 담아내시오.

수검자 유의사항

❶ 소스의 농도에 유의한다.

❷ 조리작품 만드는 순서는 틀리지 않게 하여야 한다.

❸ 숙련된 기능으로 맛을 내야 하므로 조리작업 시 음식의 맛을 보지 않는다.

❹ 채점대상에서 제외되는 경우

 – 시험시간 내에 과제 두 가지를 제출하지 못한 경우 : 미완성

 – 시험시간 내에 제출된 과제라도 다음과 같은 경우

 • 문제의 요구사항대로 작품의 수량이 만들어지지 않은 경우 : 미완성

 • 해당과제의 지급재료 이외의 재료를 사용한 경우 : 오작

 • 구이를 찜으로 조리하는 등과 같이 조리방법을 다르게 만든 경우 : 오작

 • 불을 사용하여 만든 조리작품이 작품특성에 벗어나는 정도로 타거나 익지 않은 경우 : 실격

 • 가스레인지 화구를 2개 이상 사용한 경우 : 실격

 • 시험 중 시설 · 장비(칼, 가스레인지 등) 사용 시 감독위원 및 타 수험자의 시험 진행에 위협이 될 것으로
감독위원 전원이 합의하여 판단한 경우 : 실격

지급재료 목록

달걀	1개	검은 통후추	3개
버터	100g	식초	10ml
레몬(길이)	1/4개	소금(정제염)	2g
양파(중, 150g 정도)	1/8개	월계수잎	1잎
파슬리(잎, 줄기 포함)	1줄기	흰 후춧가루	1g

Key Point

• 버터의 부드러운 맛과 레몬향이 나는 노란색의 모체소스이다.

• 달걀노른자와 정제버터를 유화시켜 만드는 것으로 더운 마요네즈라고 생각하면 된다.

• 따뜻한 상태로 서브한다. 7℃ 이하가 되면 버터가 굳는다.

• 주로 채소(아스파라거스, 브로콜리)요리에 곁들여낸다.

재료

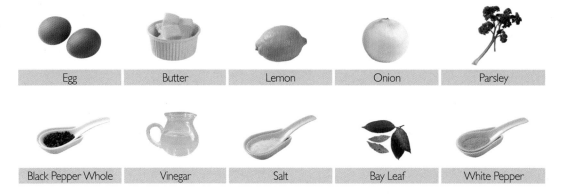

Egg	Butter	Lemon	Onion	Parsley
Black Pepper Whole	Vinegar	Salt	Bay Leaf	White Pepper

준비작업

❶ 통후추 으깨기

통후추를 칼등으로 으깬다.

❷ 채소 준비

양파는 곱게 채썬다.

❸ 버터 정제하기

버터를 중탕하여 녹인 다음 위에 떠오르는 흰 거품을 깨끗이 제거한다.

❹ 레몬즙 만들기

레몬을 비틀어 짜서 즙을 만들어놓는다.

❺ 달걀 황 · 백으로 분리하기

달걀은 흰자와 노른자를 분리하여 놓는다.

❻ 중탕할 물 준비

조리작업

❶ 향초물(허브 에센스) 만들기

양파, 식초, 월계수잎을 잘게 찢은 것, 통후추 으깬 것, 파슬리줄기에 물 1/2C을 넣고 서서히 졸여 체에 걸러 놓는다.

❷ 유화하기

스테인리스 스틸 볼에 달걀노른자를 담고 따뜻한 물에서 중탕하면서 거품이 나고 걸쭉해지도록 한 다음 향초물 1TS 정도를 첨가하면서 젓는다.

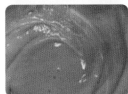

❸ 버터 유화하기

②에 정제한 버터를 한 방울씩 넣어 유화한 뒤 레몬즙을 넣어 다시 휘핑한 다음 소금, 후추로 간한다.

❹ 담기

소스를 볼에 굳지 않게 담아낸다.

TIP

1. 중탕용 물의 온도가 너무 높으면 달걀이 익어 분리되므로 주의한다.
2. 소스의 농도는 마요네즈소스보다 약간 묽게 만든다.
3. 정제버터는 소량씩 넣어가며 달걀과 섞어야 분리되는 현상을 방지할 수 있다.
4. 녹인 버터의 온도와 달걀노른자의 온도가 일치해야 분리되지 않는다.

확인하기(채점 기준표)

❶ 통후추 및 채소 준비 : 재료를 깨끗하게 다듬어 씻고 통후추는 으깨어 깨뜨리고, 양파는 곱게 채썰어야 한다.

❷ 끓이기 및 거르기 : 냄비에 양파, 식초, 통후추 으깬 것, 월계수잎, 파슬리줄기, 물을 약간 넣어 중불에 졸여 거르기 작업을 잘 해야 한다.

❸ 버터 정제하기 : 버터를 볼에 담아 불 조절하여 중탕한 후 물을 제거한다.

❹ 레몬즙 만들기 : 레몬으로 즙을 잘 만든다.

❺ 달걀 황 · 백으로 분리하기 : 달걀을 황 · 백으로 분리시켜 노른자만 준비한다.

❻ 달걀 휘핑하기 : 노른자가 익지 않을 정도의 따뜻한 물에 중탕하면서 항목 ②를 조금 넣으면서 거품내기 작업을 잘 해야 한다.

❼ 버터 유화하기 : 정제한 버터를 항목 ⑥에 넣으면서 잘 유화시켜야 한다.

❽ 레몬즙, 소금, 흰 후춧가루 첨가 : 레몬즙을 넣어 다시 휘핑한 다음 소금, 흰 후춧가루로 간을 한다.

Brown
Gravy
Sauce

브라운
그래비 소스

시험시간
30분

요구사항

주어진 재료를 사용하여 다음과 같이 브라운 그래비 소스를 만드시오.

❶ 브라운 루(Brown Roux)를 만들어 사용하시오.
❷ 완성된 작품의 양은 200㎖ 정도를 만드시오.

수검자 유의사항

❶ 브라운 루(Brown Roux)가 타지 않도록 한다.

❷ 소스의 농도에 유의한다.

❸ 조리작품 만드는 순서는 틀리지 않게 하여야 한다.

❹ 숙련된 기능으로 맛을 내야 하므로 조리작업 시 음식의 맛을 보지 않는다.

❺ 채점대상에서 제외되는 경우

– 시험시간 내에 과제 두 가지를 제출하지 못한 경우 : 미완성

– 시험시간 내에 제출된 과제라도 다음과 같은 경우

• 문제의 요구사항대로 작품의 수량이 만들어지지 않은 경우 : 미완성

• 해당과제의 지급재료 이외의 재료를 사용한 경우 : 오작

• 구이를 찜으로 조리하는 등과 같이 조리방법을 다르게 만든 경우 : 오작

• 불을 사용하여 만든 조리작품이 작품특성에 벗어나는 정도로 타거나 익지 않은 경우 : 실격

• 가스레인지 화구를 2개 이상 사용한 경우 : 실격

• 시험 중 시설·장비(칼, 가스레인지 등) 사용 시 감독위원 및 타 수험자의 시험 진행에 위협이 될 것으로 감독위원 전원이 합의하여 판단한 경우 : 실격

지급재료 목록

양파(중, 150g 정도) 1/6개	토마토 페이스트 30g
셀러리 30g	소금(정제염) 2g
당근(둥근 모양이 유지되게 등분) 40g	검은 후춧가루 1g
브라운 스톡(물로 대체 가능) 300ml	월계수잎 1잎
밀가루(중력분) 30g	정향 1개
버터(무염) 30g	

Key Point

• 그래비(Gravy)란 고기를 구울 때 생기는 육즙을 말한다.
• 갈색 소스의 대표 소스(Mother Sauce)로서 에스파뇰 소스(Espagnole Sauce)라고도 한다.

재료

Onion	Carrot	Celery	Brown Stock	Flour
Butter	Tomato Paste	Salt	Black Pepper	Bay Leaf
Clove				

준비작업

❶ 채소 준비

양파, 셀러리, 당근을 채썰어 놓는다.

조리작업

❶ 브라운 루 만들기

버터를 녹여 발연점 가까운 온도로 높여 색깔이 나면 밀가루를 넣어 갈색이 나도록 볶는다.

❷ 채소 순서대로 볶기

팬을 달구어 버터가 갈색이 되면 양파, 셀러리, 당근의 순으로 갈색이 나도록 볶은 다음 불을 줄인 후 토마토 페이스트를 넣어 잘 볶는다.

❸ 끓이기

②에 물을 넣고 1의 브라운 루를 넣어 농도를 조절한 다음 은근하게 끓여서 소금, 후추로 간한다.

❹ 거르기

③을 체에 걸러서 그릇에 담는다.

TIP

1. 양파를 갈색이 나도록 볶아야 좋은 소스의 색을 얻을 수 있다.
2. 소스를 끓이는 중에 발생하는 거품과 불순물은 걷어내야 한다.
3. 소스를 거르기 전에 5g 정도의 버터를 녹여 거르면 윤기 있는 소스색을 얻을 수 있다.
4. 소스가 눌어붙지 않도록 나무주걱으로 자주 저으며 끓인다.

확인하기(채점 기준표)

❶ 채소 썰기 : 채소를 알맞게 잘라야 한다.

❷ 채소 볶기 : 순서에 유의하면서 갈색이 나도록 잘 볶는다.

❸ 브라운(루) 만들기 : 버터를 녹여 밀가루를 넣고 갈색이 나게 잘 볶는다.

❹ 그래비 소스 만들기 : 브라운 스톡(또는 물)에 볶은 루를 넣고 농도를 맞춘 후 걸러서 간을 맞춘다.

Tar-Tar
Sauce

타르타르 소스

시험시간
20분

요구사항

주어진 재료를 사용하여 다음과 같이 타르타르 소스를 만드시오.

❶ 모든 재료를 0.2cm 정도의 크기로 다지시오.
❷ 소스의 농도를 잘 맞추시오.

수검자 유의사항

❶ 소스의 농도가 너무 묽거나 되지 않아야 한다.

❷ 채소의 물기 제거에 유의한다.

❸ 조리작품 만드는 순서는 틀리지 않게 하여야 한다.

❹ 숙련된 기능으로 맛을 내야 하므로 조리작업 시 음식의 맛을 보지 않는다.

❺ 채점대상에서 제외되는 경우

− 시험시간 내에 과제 두 가지를 제출하지 못한 경우 : 미완성

− 시험시간 내에 제출된 과제라도 다음과 같은 경우

• 문제의 요구사항대로 작품의 수량이 만들어지지 않은 경우 : 미완성

• 해당과제의 지급재료 이외의 재료를 사용한 경우 : 오작

• 구이를 찜으로 조리하는 등과 같이 조리방법을 다르게 만든 경우 : 오작

• 불을 사용하여 만든 조리작품이 작품특성에 벗어나는 정도로 타거나 익지 않은 경우 : 실격

• 가스레인지 화구를 2개 이상 사용한 경우 : 실격

• 시험 중 시설·장비(칼, 가스레인지 등) 사용 시 감독위원 및 타 수험자의 시험 진행에 위협이 될 것으로 감독위원 전원이 합의하여 판단한 경우 : 실격

지급재료 목록

양파(중, 150g 정도)	1/10개	마요네즈	70g
오이피클(개당 25~30g짜리)	1/2개	레몬(길이로 등분)	1/4개
달걀	1개	소금(정제염)	2g
식초	2ml	흰 후춧가루	2g
파슬리(잎, 줄기 포함)	1줄기		

Key Point

• 타르타르 소스는 주로 튀김류 특히, 새우튀김과 생선튀김, 크로켓에 잘 어울리며 채소요리에도 곁들여낸다.

• 피망(Pimento), 케이퍼(Caper), 딜(Dill), 오이피클(Cucumber Pickle), 올리브(Olive), 겨자(Mustard)를 첨가할 수도 있다.

• 반드시 냉장고에 보관한다.

재료

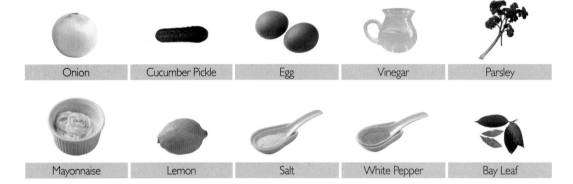

Onion	Cucumber Pickle	Egg	Vinegar	Parsley
Mayonnaise	Lemon	Salt	White Pepper	Bay Leaf

준비작업

❶ 달걀 삶기

달걀은 소금, 식초를 넣고 물이 끓기 시작하면 12~14분간 삶아
서 찬물에 담가둔다.

❷ 파슬리 다지기

파슬리는 잎만 떼고 잘게 다져 소창에 싸서 흐르는 물에 비틀
어 씻은 다음 물기를 없앤다.

❸ 채소 다지기

양파는 0.2㎝×0.2㎝×0.2㎝로 다진 다음 소금물에 절여 소창에 꼭 짜서 보슬
보슬하게 만들고 피클도 같은 크기로 다진 다음 물기를 제거한다.

❹ 레몬즙 만들기

레몬은 즙을 만들어둔다.

조리작업

❶ 달걀 다지기

달걀흰자는 껍질을 벗긴 후 잘게 다지고, 노른자는 체에 내린다.

❷ 섞기

피클, 양파, 파슬리 다진 것, 달걀흰자, 노른자(달걀 흰자와 노른자는 1/4만 사용)에 마요네즈와 후추, 소금, 레몬즙, 식초를 골고루 섞은 후 되직하게 버무린다.

❸ 파슬리가루 뿌리기

접시에 담고 파슬리가루를 뿌려낸다.

TIP 🌸

> 1. 양파를 소금에 1분 정도 절여 물에 살짝 헹군 후 물기를 제거한다.
> 2. 주어진 마요네즈의 양을 고려하여 다른 재료를 배합하며 식초나 레몬주스는 농도와 맛에 주의하여 소량씩 넣으며 섞는다.

확인하기(채점 기준표)

❶ 달걀 삶기 : 달걀에 식초, 소금을 넣어 적정시간 모양이 유지되게 잘 삶는다.

❷ 양파 절여 다지기 : 다진 양파의 물기를 소창으로 제거한다.

❸ 채소 다지기 : 양파, 피클을 잘게 다진다.

❹ 달걀 다지기 : 삶은 달걀을 채소와 같은 크기로 일정하게 다진다.

❺ 레몬즙 만들기 : 레몬즙을 잘 만들어야 한다.

❻ 재료 섞기 : 마요네즈, 양파, 피클, 파슬리, 달걀, 레몬즙 또는 식초, 소금, 흰 후추를 골고루 섞어 버무려 묽지 않게 한다.

시험시간
30분

Spanish Omelet

스페니시 오믈렛

요구사항

주어진 재료를 사용하여 다음과 같이 스페니시 오믈렛을 만드시오.

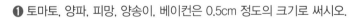

❶ 토마토, 양파, 피망, 양송이, 베이컨은 0.5cm 정도의 크기로 써시오.
❷ 타원형으로 만드시오.
❸ 나무젓가락과 팬을 이용하여 만드시오.

수검자 유의사항

❶ 내용물이 고루 들어가고 터지지 않도록 유의한다.

❷ 오믈렛을 만들 때 타거나 단단해지지 않도록 한다.

❸ 조리작품 만드는 순서는 틀리지 않게 하여야 한다.

❹ 숙련된 기능으로 맛을 내야 하므로 조리작업 시 음식의 맛을 보지 않는다.

❺ 채점대상에서 제외되는 경우

− 시험시간 내에 과제 두 가지를 제출하지 못한 경우 : 미완성

− 시험시간 내에 제출된 과제라도 다음과 같은 경우

• 문제의 요구사항대로 작품의 수량이 만들어지지 않은 경우 : 미완성

• 해당과제의 지급재료 이외의 재료를 사용한 경우 : 오작

• 구이를 찜으로 조리하는 등과 같이 조리방법을 다르게 만든 경우 : 오작

• 불을 사용하여 만든 조리작품이 작품특성에 벗어나는 정도로 타거나 익지 않은 경우 : 실격

• 가스레인지 화구를 2개 이상 사용한 경우 : 실격

• 시험 중 시설 · 장비(칼, 가스레인지 등) 사용 시 감독위원 및 타 수험자의 시험 진행에 위협이 될 것으로 감독위원 전원이 합의하여 판단한 경우 : 실격

지급재료 목록

달걀	3개	토마토케첩	20g
베이컨(25~30㎝ 정도)	1/2조각	버터(무염)	20g
양파(중, 150g 정도)	1/6개	식용유	20ml
청피망(중, 75g 정도)	1/6개	소금(정제염)	5g
양송이	10g	검은 후춧가루	2g
토마토(중, 150g 정도)	1/4개		

Key Point

• 스크램블드 에그의 상태가 부드러울 때 볶은 부재료를 넣어 부친다.

• 내용물이 너무 많으면 오믈렛이 터지기 쉽기 때문에 양을 조절한다.

• 주로 즉석에서 제공한다.

재료

| Egg | Bacon | Onion | Green Pimento | Mushroom |
| Tomato | Tomato Ketchup | Butter | Oil | Salt |

Black Pepper

준비작업

❶ 토마토 썰기(토마토 콩카세)

토마토를 끓는 물에 데쳐 껍질을 벗긴 후 씨를 제거하고 사방 0.5㎝로 썰어놓는다.

❷ 재료 썰기

양파, 피망, 양송이, 베이컨은 사방 0.5㎝로 썬다.

❸ 달걀 손질

달걀은 거품기로 잘 저은 다음 체에 거른다.

조리작업

❶ 채소 등을 볶기

팬을 달군 다음 베이컨, 양파, 피망, 양송이, 토마토 콩카세 순으로 볶은 후 토마토케첩을 넣고 다시 볶다가 소금, 후추로 간하여 낸다.

❷ 스크램블드 에그 만들기

① 18㎝ 크기의 오믈렛 팬을 달군 뒤 식용유를 두른 후 식용유와 버터를 넣어 뜨겁게 달군다.
② 달걀을 팬에 넣고 젓가락으로 휘저으면서 스크램블드 에그를 만든다(센 불 → 약불).

❸ 오믈렛 만들기

반숙이 되면 달걀을 앞으로 모은 다음 볶아 놓은 재료를 넣고 가볍게 치면서 타원형의 오믈렛을 만든다.

❹ 담기

접시에 오믈렛을 담고 윤기가 나도록 위에 버터를 발라서 담는다.

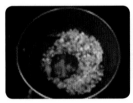  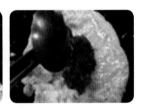

> **TIP**
>
> 1. 달걀은 풀어서 팬이 뜨거울 때 동시에 넣고 반숙이 될 때까지 젓는다.
> 2. 속재료는 물기가 잦아들 때까지 볶는다.

확인하기(채점 기준표)

❶ 토마토 썰기 : 껍질을 벗기고 씨를 제거하여 사방 0.5㎝ 크기로 썬 상태가 좋아야 한다.

❷ 재료 썰기 : 양파, 피망, 양송이, 베이컨의 4가지 모두 사방 0.5㎝ 크기로 썬 상태가 좋아야 한다.

❸ 채소 볶기 : 베이컨, 양파, 피망, 양송이, 토마토의 순서로 타지 않게 볶는다.

❹ 케첩 넣어 볶기 : 채소를 볶으면서 토마토케첩을 넣고 소금, 후추로 간한다.

❺ 스크램블 만들기 : 달걀을 잘 풀어 체에 걸러 팬에서 휘저어가며 스크램블 만드는 상태가 좋아야 한다.

❻ 오믈렛 만들기 : 채소를 넣고 타원형으로 감싼다.

Cheese Omelet

치즈 오믈렛

시험시간
20분

요구사항

주어진 재료를 사용하여 다음과 같이 치즈 오믈렛을 만드시오.

❶ 치즈는 사방 0.5cm 정도로 자르시오.

❷ 모양은 타원형으로 치즈가 들어가 있는 것을 알 수 있도록 만드시오.

❸ 나무젓가락과 팬을 이용하여 만드시오.

수검자 유의사항

❶ 익힌 오믈렛이 갈라지거나 굳어지지 않도록 유의한다.

❷ 오믈렛에서 익지 않은 달걀이 흐르지 않도록 유의한다.

❸ 조리작품 만드는 순서는 틀리지 않게 하여야 한다.

❹ 숙련된 기능으로 맛을 내야 하므로 조리작업 시 음식의 맛을 보지 않는다.

❺ 채점대상에서 제외되는 경우

– 시험시간 내에 과제 두 가지를 제출하지 못한 경우 : 미완성

– 시험시간 내에 제출된 과제라도 다음과 같은 경우

• 문제의 요구사항대로 작품의 수량이 만들어지지 않은 경우 : 미완성

• 해당과제의 지급재료 이외의 재료를 사용한 경우 : 오작

• 구이를 찜으로 조리하는 등과 같이 조리방법을 다르게 만든 경우 : 오작

• 불을 사용하여 만든 조리작품이 작품특성에 벗어나는 정도로 타거나 익지 않은 경우 : 실격

• 가스레인지 화구를 2개 이상 사용한 경우 : 실격

• 시험 중 시설·장비(칼, 가스레인지 등) 사용 시 감독위원 및 타 수험자의 시험 진행에 위협이 될 것으로 감독위원 전원이 합의하여 판단한 경우 : 실격

지급재료 목록

달걀 3개	식용유 20ml
치즈(가로, 세로 8㎝ 정도) 1장	생크림(조리용) 20ml
버터(무염) 30g	소금(정제염) 2g

Key Point

• 아침식사에 주로 사용한다.

• 달걀로만 만든 오믈렛을 플레인 오믈렛(Plain Omelet)이라 하며 첨가되는 재료에 따라 간단하면서도 다양한 오믈렛을 만들 수 있다.

• 오믈렛은 조리사의 판단에 따라 2~3개의 달걀로 1인분씩 만든다.

• 오믈렛은 따뜻한 상태로 제공되어야 하므로 일반적으로 즉석에서 서브하는 경우가 많다.

• 오믈렛은 대단히 빨리 조리되므로 속을 채울 때 넣는 재료는 모두 익혀서 사용한다.

재료

| Egg | Cheese | Butter | Oil | Fresh Cream |

| Salt |

준비작업

❶ 달걀 깨기

달걀을 거품기로 섞어 잘 저은 후 체에 걸러놓는다.
(이때 알끈, 껍질 등이 걸러진다.)
소금, 생크림을 첨가한 뒤 한 번 더 섞는다.

❷ 치즈 썰기

치즈는 반은 가로, 세로 0.5㎝ 크기로 잘라서 떼어놓는다. 반은 길게 썰어
준비한다.

조리작업

❶ 스크램블드 에그를 만든다.

　① 18㎝ 크기의 오믈렛 팬을 달군 뒤 식용유를 넣고 버터를 넣어 뜨겁게 달군다.

　② 달걀과 섞은 치즈를 팬에 넣고 젓가락으로 휘저으면서 스크램블드 에그를 만든다.
　　(반숙상태가 되어야 한다.) 처음 센 불 → 약불

　③ 스크램블이 된 달걀을 오믈렛 팬 앞쪽으로 모은 다음 남은 치즈를 채워서 만다.

❷ 오믈렛을 완성한다.

　반숙이 된 스크램블을 가볍게 치면서 타원형 모양의 오믈렛을 만든다.

❸ 담기

　따뜻한 접시에 오믈렛을 담고 윤기가 나도록 위에 버터를 발라서 담는다.

TIP

1. 팬을 충분히 가열한 후 달걀을 넣어야 팬에 달라붙지 않고 예쁜 모양을 얻을 수 있다.
2. 달걀이 반숙이 된 후에 모아서 팬을 친다.

확인하기(채점 기준표)

❶ 치즈 썰기 : 치즈는 가로, 세로 0.5㎝ 크기로 잘라놓는다.

❷ 달걀 풀기 : 달걀을 깨서 고루 휘저어 체에 내려놓는다.

❸ 생크림 혼합하기 : 곱게 푼 달걀에 생크림을 잘 혼합한다.

❹ 오믈렛 만들기 : 버터를 넣고 달구어진 팬에 달걀과 치즈를 넣어 젓가락과 팬을 이용하여 스크램블드 에그를 만든다.

Sole Mornay

솔모르네

시험시간
40분

요구사항

주어진 재료를 사용하여 다음과 같이 솔모르네를 만드시오.

❶ 피시스톡(fish stock)을 만들어 생선을 포칭(poaching)하시오.

❷ 베샤멜 소스를 만들어 치즈를 넣고 모네이 소스(mornay sauce)를 만드시오.

❸ 수량은 같은 크기로 4개 내시오.

❹ 카엔페퍼를 뿌려 내시오.

수검자 유의사항

❶ 소스의 농도에 유의한다.

❷ 생선살이 흐트러지지 않도록 5장 뜨기를 한다.

❸ 생선뼈는 지급된 생선을 사용한다.

❹ 조리작품 만드는 순서는 틀리지 않게 하여야 한다.

❺ 숙련된 기능으로 맛을 내야 하므로 조리작업 시 음식의 맛을 보지 않는다.

❻ 채점대상에서 제외되는 경우

  – 시험시간 내에 과제 두 가지를 제출하지 못한 경우 : 미완성

  – 시험시간 내에 제출된 과제라도 다음과 같은 경우

- 문제의 요구사항대로 작품의 수량이 만들어지지 않은 경우 : 미완성
- 해당과제의 지급재료 이외의 재료를 사용한 경우 : 오작
- 구이를 찜으로 조리하는 등과 같이 조리방법을 다르게 만든 경우 : 오작
- 불을 사용하여 만든 조리작품이 작품특성에 벗어나는 정도로 타거나 익지 않은 경우 : 실격
- 가스레인지 화구를 2개 이상 사용한 경우 : 실격
- 시험 중 시설·장비(칼, 가스레인지 등) 사용 시 감독위원 및 타 수험자의 시험 진행에 위협이 될 것으로 감독위원 전원이 합의하여 판단한 경우 : 실격

지급재료 목록

가자미(250~300g 정도, 해동 지급)	1마리	흰 통후추(검은 통후추 대체 가능)	3개
양파(중, 150g 정도)	1/3개	월계수잎	1잎
우유	200ml	레몬(길이로 등분)	1/4개
치즈(가로, 세로 8㎝ 정도)	1장	파슬리(잎, 줄기 포함)	1줄기
버터(무염)	50g	소금(정제염)	2g
밀가루(중력분)	30g	카옌페퍼	2g
정향	1개		

Key Point

- Poaching : 낮은 온도(75~90℃)로 익히는 조리방법으로 단백질 식품을 부드럽게 익히기 위하여 사용하는 조리법이다.
- Mornay Sauce란 Bechamel Sauce에 치즈를 녹여 만든 걸쭉한 Sauce이며 Mornay란 사람이 만들었다.

재료

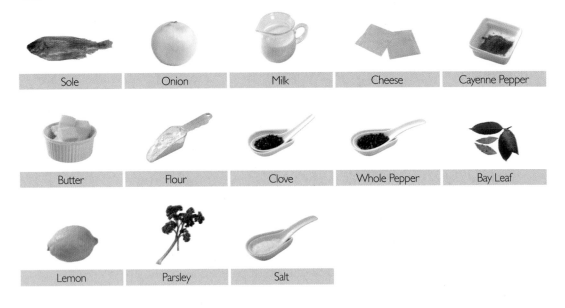

Sole	Onion	Milk	Cheese	Cayenne Pepper
Butter	Flour	Clove	Whole Pepper	Bay Leaf
Lemon	Parsley	Salt		

준비작업

❶ 생선 손질하기

- 살 : 가자미는 소금물에 씻어 물기를 제거한 다음 5장 뜨기를 한다. 껍질을 벗긴 생선살(Fillet) 4장을 접시에 담고 소금, 후추, 레몬을 뿌린 다음 돌돌 말아둔다(껍질 쪽이 밖으로 가게 한다).
- 뼈 : 뼈는 손질한 다음 2㎝ 크기로 잘라 물에 담가 핏물을 뺀다.

❷ 채소 손질하기

양파는 조금 잘라 정향을 끼워둔다.→ 베샤멜소스 만들 때 사용

조금은 채썬다.→ 피시 스톡에 사용

나머지는 잘게 다진다.→ 생선살 포칭(Poaching)할 때 사용

❸ 향신료 준비하기

통후추는 으깨어둔다. → 피시 스톡에 사용

조리작업

❶ 생선 스톡 만들기

소스 팬에 버터를 두르고 핏물을 뺀 생선뼈, 채썬 양파, 레몬즙, 통후추, 파슬리줄기를 넣고 볶은 다음 물을 붓고 끓인 후 걸러낸다.

❷ 생선살 포칭하기

소스 팬에 버터를 바르고 양파 다진 것을 깐 다음 ②의 생선살을 담고 생선 스톡을 부어 낮은 온도로 익혀서 물기를 제거한 후 접시에 담는다(Poaching).

❸ 베샤멜소스 만들기

밀가루와 버터를 동량으로 넣어 화이트 루를 만들어 우유(모자라면 생선 스톡을 첨가한다)를 넣고 잘 섞은 다음 양파에 정향 꽂은 것을 넣고 은근하게 끓인 뒤 소창에 걸러둔다.

❹ Mornay소스 만들기

③에 다진 치즈를 넣고 생선 스톡으로 농도를 맞추어 소금, 후추로 간한다.

❺ 담기

접시에 2의 생선살을 담은 뒤 ④의 소스를 고기가 덮이도록 잘 뿌린 다음 카옌페퍼를 뿌린다.

> **TIP**
>
> 1. 생선 껍질은 꼬리 쪽부터 벗겨야 하며 살이 붙어 나오지 않도록 유의하여야 한다.
> 2. 소스의 농도는 자연스럽게 흐르는 정도가 되어야 한다.
> 3. 돌돌 말린 생선은 가운데 부분이 잘 익지 않으므로 확인 후 소스를 뿌려야 한다.

확인하기(채점 기준표)

❶ 생선 손질하기 : 살→가자미는 비늘을 긁고 내장을 제거하여 소금물에 씻어 물기를 제거한 다음 5장 뜨기를 한다. 껍질을 벗긴 생선살 4장을 면포에 깔고 소금, 후추, 레몬을 뿌린 다음 돌돌 말아둔다(껍질 쪽이 밖으로 가게 한다).

뼈→뼈는 손질한 다음 2㎝ 크기로 잘라 물에 담가 핏물을 빼고 바로 스톡을 끓인다.

❷ 채소 손질하기 : 양파는 조금 잘라 정향을 끼워둔다(베샤멜소스를 만들 때 사용). 조금은 채썬다(피시 스톡에 사용). 나머지는 잘게 다진다(생선살 포치할 때 사용).

❸ 향신료 준비하기 : 통후추는 으깨어둔다(피시 스톡에 사용).

Fish Meuniere

피시 뮈니엘

요구사항

주어진 재료를 사용하여 다음과 같이 피시 뮈니엘을 만드시오.

❶ 생선은 길이를 일정하게 하여 4쪽을 구워 내시오.
❷ 소스와 함께 레몬과 파슬리를 곁들여 내시오.

수검자 유의사항

❶ 생선살은 흐트러지지 않게 5장 포뜨기를 한다.

❷ 생선의 담는 방법에 유의한다.

❸ 조리작품 만드는 순서는 틀리지 않게 하여야 한다.

❹ 숙련된 기능으로 맛을 내야 하므로 조리작업 시 음식의 맛을 보지 않는다.

❺ 채점대상에서 제외되는 경우

  - 시험시간 내에 과제 두 가지를 제출하지 못한 경우 : 미완성

  - 시험시간 내에 제출된 과제라도 다음과 같은 경우

  • 문제의 요구사항대로 작품의 수량이 만들어지지 않은 경우 : 미완성

  • 해당과제의 지급재료 이외의 재료를 사용한 경우 : 오작

  • 구이를 찜으로 조리하는 등과 같이 조리방법을 다르게 만든 경우 : 오작

  • 불을 사용하여 만든 조리작품이 작품특성에 벗어나는 정도로 타거나 익지 않은 경우 : 실격

  • 가스레인지 화구를 2개 이상 사용한 경우 : 실격

  • 시험 중 시설 · 장비(칼, 가스레인지 등) 사용 시 감독위원 및 타 수험자의 시험 진행에 위협이 될 것으로 감독위원 전원이 합의하여 판단한 경우 : 실격

지급재료 목록

가자미(250~300g 정도, 해동 지급)	1마리	파슬리(잎, 줄기 포함)	1줄기
버터(무염)	50g	소금(정제염)	2g
밀가루(중력분)	30g	흰 후춧가루	2g
레몬(길이로 등분)	1/2개		

Key Point

• 뮈니엘이란 밀가루집 아내란 말을 불어로 나타낸 것이다. 즉 쉽게 조리할 수 있다는 의미로 생선을 양념한 뒤 가볍게 밀가루를 묻혀서 버터에 구운 요리를 의미한다. 또한 이런 요리는 레몬즙과 파슬리로 향을 낸 버터(레몬버터소스)와 같이 곁들인다.

재료

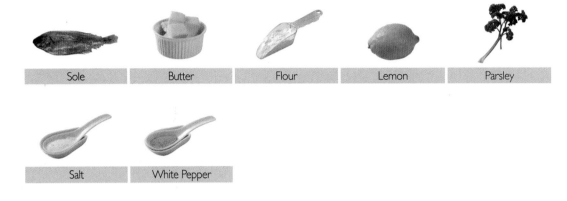

| Sole | Butter | Flour | Lemon | Parsley |

| Salt | White Pepper |

준비작업

❶ 생선 손질하기

가자미는 내장을 꺼내어 소금물에 깨끗이 씻은 후 마른행주로 물기를 닦아 5장 뜨기를 하여 껍질을 제거한 후 소금, 후추를 뿌린다. 굽기 직전에 밀가루를 묻히고 여분의 가루를 털어준다. 밀가루를 묻힌 채 오래 두면 물기 때문에 예쁘게 구워지지 않는다.

❷ 파슬리 손질하기

절반은 다지고 절반은 장식용으로 남겨둔다.

❸ 레몬 손질하기

절반은 레몬 버터소스를 만들고 1/2은 장식(Garnish)으로 사용한다.

TIP 🧑‍🍳

1. 가자미를 포 뜰 때에는 물기가 전혀 없어야 한다.
2. 생선살에 밀가루는 굽기 직전에 입히는 것이 좋다.
3. 접시에 담을 때에는 접시 오른쪽부터 담아서 왼쪽부터 손님이 먹도록 한다.
4. 버터를 팬에 녹인 다음 완전히 식혀서 레몬즙을 넣고 레몬소스를 만든다.

조리작업

❶ 생선 굽기

팬을 데운 후 버터를 녹여 생선을 넣고 굽는다.

(생선뼈가 붙은 살 쪽을 먼저 구워 색을 내고, 그 부분이 위로 오도록 접시에 담는다.)

뒤집어서 색이 나면 불은 약하게 하여 가운데까지 잘 익도록 굽는다.

❷ 접시에 담기

구운 생선살은 뼈가 붙었던 방향이 위로 오도록 접시에 담는다.

❸ 레몬 버터소스 만들기

① 팬에 버터를 녹여 위에 뜨는 거품을 제거하고 레몬 1/8개를 짜서 뿌린다.

② 다진 파슬리와 함께 섞어 생선살 위에 뿌린다.

❹ 담기

레몬 1/8개와 파슬리를 생선살 옆에 곁들인다.

접시에 양상추를 깐 다음 훈제연어 썬 것을 올려 소스를 뿌리고 케이퍼로 장식한다.

  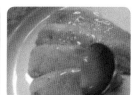

확인하기(채점 기준표)

❶ 파슬리 다루기 : 파슬리 1/2은 물에 씻어서 싱싱하도록 담가두고 1/2은 다져놓는다.

❷ 가자미 다루기 : 가자미는 비늘을 제거하고 내장을 꺼내 찬물에 깨끗이 씻은 다음 마른행주로 물기를 닦는다.

❸ 생선 포 뜨기 : 가자미는 5장 뜨기한 다음 껍질을 벗긴다.

❹ 썰기 : 생선살은 완성상태의 크기에 맞게 썰어서 소금, 후추로 간한다.

❺ 밀가루 입히기 : 생선에 밀가루를 묻힌다.

❻ 생선 굽기 : 팬에 버터를 두르고 뼈 쪽이 먼저 팬에 닿도록 생선을 굽는다.

❼ 버터소스 만들기 : 생선 구운 팬에 버터를 녹여 생선 위에 윤기나게 뿌리고, 파슬리가루도 뿌린다.

French Fried Shrimp

프렌치 프라이드 쉬림프

시험시간 25분

요구사항

주어진 재료를 사용하여 다음과 같이 프렌치 프라이드 쉬림프를 만드시오.

❶ 새우를 구부러지지 않게 튀기시오.
❷ 새우튀김은 4개를 제출하시오.
❸ 레몬과 파슬리를 곁들이시오.

수검자 유의사항

❶ 새우는 꼬리 쪽에서 1마디 정도만 껍질을 남긴다.

❷ 튀김반죽에 유의하고, 튀김의 색깔이 깨끗하게 한다.

❸ 조리작품 만드는 순서는 틀리지 않게 하여야 한다.

❹ 숙련된 기능으로 맛을 내야 하므로 조리작업 시 음식의 맛을 보지 않는다.

❺ 채점대상에서 제외되는 경우

– 시험시간 내에 과제 두 가지를 제출하지 못한 경우 : 미완성

– 시험시간 내에 제출된 과제라도 다음과 같은 경우

• 문제의 요구사항대로 작품의 수량이 만들어지지 않은 경우 : 미완성

• 해당과제의 지급재료 이외의 재료를 사용한 경우 : 오작

• 구이를 찜으로 조리하는 등과 같이 조리방법을 다르게 만든 경우 : 오작

• 불을 사용하여 만든 조리작품이 작품특성에 벗어나는 정도로 타거나 익지 않은 경우 : 실격

• 가스레인지 화구를 2개 이상 사용한 경우 : 실격

• 시험 중 시설ㆍ장비(칼, 가스레인지 등) 사용 시 감독위원 및 타 수험자의 시험 진행에 위협이 될 것으로 감독위원 전원이 합의하여 판단한 경우 : 실격

지급재료 목록

새우(냉동 1팩당 40미) 4마리	파슬리(잎, 줄기 포함) 1줄기
밀가루(중력분) 80g	레몬(길이로 등분) 1/6개
백설탕 2g	달걀 1개
소금(정제염) 2g	이쑤시개 2개
흰 후춧가루 2g	냅킨(흰색, 기름 제거용) 2장
식용유 500ml	

Key Point

• 튀김온도가 적당해야 한다. 새우튀김은 160℃로 튀겨야 하며, 170℃일 때 재료를 넣으면 온도가 낮아져 160℃ 정도가 된다.

• 밀가루는 박력분을 사용하는 것이 좋다.

• 새우요리에는 곁들임(Garnish)으로 레몬을 사용한다.

재료

Shrimp	Flour	Sugar	Salt	White Pepper
Oil	Parsley	Lemon	Egg	Wood Stick
Napkin				

준비작업

❶ 새우 손질

소금물에 씻어 내장을 제거(머리에서 첫째마디 사이를 꼬치로 찔러 제거)하고, 껍질(꼬리 첫 마디는 남기고)을 벗긴다.
꼬리 쪽에 있는 물주머니를 제거한 다음 튀겼을 때 꼬부라지지 않도록 배 쪽에 3~4군데 칼집을 넣은 뒤 등쪽에서 손으로 눌러준 후 소금, 후추 간을 한 다음 레몬으로 절인다.

❷ 밀가루는 체에 친다.

❸ 달걀 손질(황 · 백 분리)

달걀노른자는 물 3TS, 설탕 1TS을 넣어 거품기로 젓는다. 달걀흰자는 거품기로 최대한 거품을 올려놓는다.

조리작업

❶ 튀김옷 만들기

달걀노른자 반죽에 체에 친 밀가루를 넣고 가볍게 섞는다. 여기에 달걀흰자 거품을 섞어 반죽을 완성한다.

❷ 절여둔 새우의 꼬리를 잡고 밀가루를 묻힌 다음 튀김옷을 여러 번 묻힌다.

❸ 튀김 냄비에 식용유를 넣고 중불로 가열하여 170℃까지 온도를 높여 준비한 새우를 튀긴다.

❹ 튀긴 새우는 흡수지에 놓아 기름기를 제거한다.

❺ 레몬과 파슬리로 장식한다.

TIP 🧢

1. 흰자를 휘핑(Whipping)할 때 얼음물에 중탕하면 좋은 거품을 얻을 수 있다.
2. 튀김 반죽에 흰자 거품을 넣고 나무젓가락을 이용하여 최소한으로 섞어주어야 바삭한 튀김을 만들 수 있다.
3. 새우의 배 쪽에 칼집을 넣을 때 잘라지지 않도록 1/3 깊이까지 주의하여 넣는다.
4. 튀김옷을 입혀 하나씩 넣으며 튀겨야 한다.

확인하기(채점 기준표)

❶ 새우 손질 : 새우는 찬물에 씻어서 내장을 꺼내고 꼬리 쪽에서 1마디 정도만 남기고 나머지는 껍질을 벗긴 후 꼬리에 있는 물주머니를 제거한다.

❷ 새우에 칼집 넣기 : 새우의 배 쪽에 칼집을 넣어야 한다.

❸ 밀가루 입히기 : 새우에 소금, 후추를 뿌린 후 밀가루를 입혀준다.

❹ 흰자 거품 치기 : 흰자의 거품을 잘 내야 한다.

❺ 튀김 반죽하기 : 물에 소금, 달걀노른자, 설탕을 넣고 섞은 다음 밀가루를 넣고 끈기가 생기지 않게 저어준다.

❻ 튀기기 : ❺의 반죽에 흰자 거품을 섞어서 새우에 튀김옷을 입힌 후 튀김기름에 깨끗하게 튀겨낸다.

❼ 기름 제거하기 : 튀긴 후 기름을 빼낸다.

❽ 가니쉬 준비 : 가니쉬할 레몬과 파슬리를 다듬어 준비한다.

Beef Stew

비프스튜

요구사항

주어진 재료를 사용하여 다음과 같이 비프스튜를 만드시오.

❶ 완성된 소고기와 채소의 크기는 1.8cm 정도의 정육면체로 하시오.

❷ 브라운 루(Brown roux)를 만들어 사용하시오.

❸ 그릇에 비프스튜를 담고 파슬리 다진 것을 뿌려 내시오.

수검자 유의사항

❶ 소스의 농도와 분량에 유의한다.

❷ 고기와 채소는 형태를 유지하면서 익히는 데 유의한다.

❸ 조리작품 만드는 순서는 틀리지 않게 하여야 한다.

❹ 숙련된 기능으로 맛을 내야 하므로 조리작업 시 음식의 맛을 보지 않는다.

❺ 채점대상에서 제외되는 경우

  – 시험시간 내에 과제 두 가지를 제출하지 못한 경우 : 미완성

  – 시험시간 내에 제출된 과제라도 다음과 같은 경우

  • 문제의 요구사항대로 작품의 수량이 만들어지지 않은 경우 : 미완성

  • 해당과제의 지급재료 이외의 재료를 사용한 경우 : 오작

  • 구이를 찜으로 조리하는 등과 같이 조리방법을 다르게 만든 경우 : 오작

  • 불을 사용하여 만든 조리작품이 작품특성에 벗어나는 정도로 타거나 익지 않은 경우 : 실격

  • 가스레인지 화구를 2개 이상 사용한 경우 : 실격

  • 시험 중 시설·장비(칼, 가스레인지 등) 사용 시 감독위원 및 타 수험자의 시험 진행에 위협이 될 것으로 감독위원 전원이 합의하여 판단한 경우 : 실격

지급재료 목록

쇠고기(살코기, 덩어리)	100g	버터(무염)	30g
당근(둥근 모양이 유지되게 등분)	70g	토마토 페이스트	20g
양파(중, 150g 정도)	1/4개	파슬리(잎, 줄기 포함)	1줄기
감자(150g 정도)	1/3개	월계수잎	1잎
셀러리	30g	소금(정제염)	2g
마늘(중, 깐 것)	1쪽	검은 후춧가루	2g
밀가루(중력분)	25g	정향	1개

Key Point

• 스튜란 육류와 채소를 큼직하게 썰어 재료 자체의 맛이 국물에 우러나오도록 오랫동안 은근하게 끓인 국물요리로 식사대용으로도 가능하다.

• 완성된 스튜의 농도는 수프보다 약간 묽게 한다.

재료

Beef	Carrot	Onion	Potato	Celery
Garlic	Flour	Clove	Butter	Tomato Paste
Parsley	Bay Leaf	Salt	Black Pepper	

준비작업

❶ 파슬리는 다져놓는다.

❷ 향신료 다발(Bouquet Garni) 만들기
  양파, 통후추, 정향, 파슬리줄기를 합쳐 향신료 다발을 만든다.

❸ 채소 준비
  마늘은 곱게 다진다.
  감자, 당근, 양파, 셀러리는 사방 1.8㎝로 썰어 모서리는 다듬어둔다.
  (주의→ 감자는 물에 담가둔다.)

❹ 고기는 기름, 힘줄을 제거하여 2㎝ 크기로 썰어 소금, 후추를 뿌린 다음 밀가루
  를 묻힌다.

조리작업

❶ 브라운 루(Brown Roux)를 만든다.

버터와 밀가루를 동량으로 준비하여 갈색이 나도록 볶은 다음 토마토 페이스트를 넣어 약한 불에 은근하게 볶아서 둔다.

❷ 재료 볶기

팬에 버터를 두르고 고기를 볶다가 양파, 당근, 마늘 다진 것을 넣고 볶아낸다.

❸ 조리하기

루에 물을 붓고 푼 다음 부케가르니, 다진 마늘, 쇠고기, 채소를 넣고 끓이다가 나머지 감자를 넣고 푹 끓인다.

❹ 담기

적당한 농도가 되면 향신료 다발을 건져내고 소금, 후추로 간한 다음 수프그릇에 담고 파슬리가루를 뿌려낸다.

TIP 🧑‍🍳

1. 다진 마늘은 살짝 볶아 넣어야 한다.
2. 감자는 오래 끓이면 부서지기 쉬우므로 주의한다.
3. 비프스튜는 끓을 때 눌어붙기 쉬우므로 나무주걱으로 자주 저으면서 끓인다.

확인하기(채점 기준표)

❶ 채소 썰기 : 채소는 사방 1.8㎝ 크기로 균일하게 썰고, 마늘을 잘 다진다.

❷ 쇠고기 썰기 : 쇠고기는 사방 2㎝ 크기로 썰어서 소금, 후추로 간을 하고 밀가루를 묻힌다.

❸ 재료 볶기 : 팬에 버터를 두르고 쇠고기를 볶은 다음 채소를 볶는다.

❹ 브라운 루 만들기 : 소스 팬에 버터를 두르고 밀가루를 넣어 브라운 루를 만들고 페이스트를 넣고 볶아준다.

❺ 끓이기 : 루에 물을 붓고 부케가르니, 다진 마늘, 쇠고기, 채소를 넣고 끓이다가 나머지 감자를 넣고 푹 끓인다.

❻ 완성하기 : 스튜 농도가 알맞게 나오면 부케가르니를 건져내고 소금, 후추로 간을 한 다음 그릇에 담고 파슬리 다진 것을 뿌려낸다.

Salisbury
Steak

살리스버리
스테이크

시험시간
40분

요구사항

주어진 재료를 사용하여 다음과 같이 살리스버리 스테이크를 만드시오.

❶ 고기 앞, 뒤의 색깔을 갈색으로 내시오.

❷ 살리스버리 스테이크는 타원형으로 만드시오.

❸ 더운 채소(당근, 감자, 시금치)를 각각 모양 있게 만들어 함께 내시오.

수검자 유의사항

❶ 고기가 타지 않도록 하며, 구워진 고기가 단단해지지 않도록 유의한다.
   (곁들이는 소스는 생략한다.)

❷ 주어진 조미재료를 활용하여 더운 채소의 요리법(색, 모양 등)에 유의한다.

❸ 조리작품 만드는 순서는 틀리지 않게 하여야 한다.

❹ 숙련된 기능으로 맛을 내야 하므로 조리작업 시 음식의 맛을 보지 않는다.

❺ 채점대상에서 제외되는 경우

− 시험시간 내에 과제 두 가지를 제출하지 못한 경우 : 미완성

− 시험시간 내에 제출된 과제라도 다음과 같은 경우

• 문제의 요구사항대로 작품의 수량이 만들어지지 않은 경우 : 미완성

• 해당과제의 지급재료 이외의 재료를 사용한 경우 : 오작

• 구이를 찜으로 조리하는 등과 같이 조리방법을 다르게 만든 경우 : 오작

• 불을 사용하여 만든 조리작품이 작품특성에 벗어나는 정도로 타거나 익지 않은 경우 : 실격

• 가스레인지 화구를 2개 이상 사용한 경우 : 실격

• 시험 중 시설·장비(칼, 가스레인지 등) 사용 시 감독위원 및 타 수험자의 시험 진행에 위협이 될 것으로 감독위원 전원이 합의하여 판단한 경우 : 실격

지급재료 목록

쇠고기(살코기 간 것)	130g	식용유	100ml
양파(중, 150g 정도)	1/6개	당근(둥근 모양이 유지되게 등분)	70g
달걀	1개	감자(150g 정도)	1/2개
빵가루(마른 것)	20g	시금치	70g
우유	5ml	백설탕	25g
소금(정제염)	2g	버터(무염)	50g
검은 후춧가루	2g		

> **Key Point**
>
> • Salisbury란 19세기 영국의 내과의사 Dr. J. H. Salisbury의 이름을 따서 만든 스테이크이다.
> • 햄버거 스테이크가 발전된 형태로 모양을 타원형으로 만든다.

재료

Ground Beef	Onion	Celery	Bread Crumbs	Milk
Salt	Black Pepper	Oil	Carrot	Potato
Spinach	Sugar	Butter		

준비작업

❶ 채소, 쇠고기 다지기

양파 다지기(시금치 볶을 때 사용하도록 조금 남겨둔다), 셀러리는 곱게 다져 볶은 뒤 식힌다. 다진 고기도 다시 다져놓는다.

❷ 파슬리 다지기

❸ 빵가루 적시기

빵가루에 우유를 넣어 촉촉하게 만든다.

❹ 채소 다듬기

당근은 0.5㎝ 두께로 둥글게 썰어 가장자리는 다듬어 놓는다(Carrot Vichy).
감자는 길이 5㎝, 두께 0.7㎝의 막대로 썬다(French Fried Potato).
시금치는 뿌리를 다듬어 소금물에 데쳐놓는다.

조리작업

❶ 스테이크 만들기

다진 쇠고기에 양파, 빵가루(우유에 담근다), 달걀 푼 것 1TS, 소금, 후추를 넣고 잘 치대어 끈기가 생기면 중앙을 약간 오목하게 타원형으로 만들어놓는다.

❷ 굽기

팬을 달군 다음 식용유를 두르고 스테이크를 넣어 처음에는 갈색이 나게 앞뒤를 센 불로 구운 뒤 약한 불로 뚜껑을 덮어 속까지 익힌다(접시에 담을 때에는 팬에 먼저 닿았던 부분이 위로 오게 한다).

❸ 곁들이는 채소(Garnish : 가니쉬) 만들기

당근은 버터에 볶다가 물, 설탕, 소금을 넣어 윤기나게 졸인다.
감자는 소금물에 삶았다가 기름에 튀긴 뒤 뜨거울 때 소금을 뿌려준다.
양파 다진 것을 약간 넣어 볶다가 향이 나면 시금치를 넣고 살짝 볶은 다음 소금, 후추를 뿌린다.

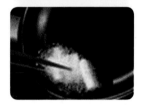

❹ 담기

접시에 감자, 시금치, 당근을 담은 다음 스테이크를 담는다.

TIP

1. 스테이크 반죽은 오래 치대며 눌러주어 잘 엉기게 한다.
2. 시금치를 너무 오래 데치거나 볶으면 갈변하므로 주의한다.
3. 스테이크는 익으면 오므라들므로 완성모양보다 20% 정도 크게 만든다.
4. 스테이크는 익으면 가운데가 볼록해지므로 가운데를 동그랗게 손으로 살짝 눌러둔다.
5. 스테이크는 팬의 온도가 높으면 표면이 타고 속이 익지 않으므로 중불에서 표면의 색을 낸 후 약불에서 익혀야 한다.

확인하기(채점 기준표)

❶ 양파 볶기 : 양파를 곱게 다져 살짝 볶아 식혀놓는다.

❷ 빵가루 적시기 : 빵가루를 우유에 적셔둔다.

❸ 쇠고기 반죽하기 : 다진 쇠고기에 양파, 달걀, 빵가루, 소금, 후추를 넣고 섞어 끈기가 생기도록 치댄다.

❹ 스테이크 모양 빚기 : 치댄 고기는 타원형으로 모양을 만든다.

❺ 굽기 : 팬을 달군 뒤 식용유를 둘러 타지 않고 모양이 유지되게 완전히 익힌다.

❻ 더운 채소요리 : 더운 채소 중 감자, 시금치, 당근의 요리방법 및 모양 등이 적당하면 된다.

Sirloin Steak

설로인 스테이크

요구사항

주어진 재료를 사용하여 다음과 같이 설로인 스테이크를 만드시오.

❶ 미디엄(medium)으로 구우시오.
❷ 더운 채소(당근, 감자, 시금치)를 각각 모양 있게 만들어 함께 내시오.

수검자 유의사항

❶ 스테이크의 색에 유의한다.(곁들이는 소스는 생략한다.)

❷ 주어진 조미재료를 활용하여 더운 채소의 요리법(색, 모양 등)에 유의한다.

❸ 조리작품 만드는 순서는 틀리지 않게 하여야 한다.

❹ 숙련된 기능으로 맛을 내야 하므로 조리작업 시 음식의 맛을 보지 않는다.

❺ 채점대상에서 제외되는 경우

- 시험시간 내에 과제 두 가지를 제출하지 못한 경우 : 미완성
- 시험시간 내에 제출된 과제라도 다음과 같은 경우
- 문제의 요구사항대로 작품의 수량이 만들어지지 않은 경우 : 미완성
- 해당과제의 지급재료 이외의 재료를 사용한 경우 : 오작
- 구이를 찜으로 조리하는 등과 같이 조리방법을 다르게 만든 경우 : 오작
- 불을 사용하여 만든 조리작품이 작품특성에 벗어나는 정도로 타거나 익지 않은 경우 : 실격
- 가스레인지 화구를 2개 이상 사용한 경우 : 실격
- 시험 중 시설·장비(칼, 가스레인지 등) 사용 시 감독위원 및 타 수험자의 시험 진행에 위협이 될 것으로 감독위원 전원이 합의하여 판단한 경우 : 실격

지급재료 목록

쇠고기(등심, 덩어리) 200g
당근(둥근 모양이 유지되게 등분) 70g
감자(150g 정도) 1/2개
시금치 70g
양파(중, 150g 정도) 1/6개

버터(무염) 50g
식용유 300ml
소금(정제염) 2g
검은 후춧가루 1g
백설탕 25g

Key Point

- Sirloin이란 한국의 채끝 등심 부위로서 찰스 II세가 이 부분을 특히 좋아하여 이 부분의 등심에 Sir란 칭호를 붙여 Sirloin이라 부르게 되었다고 한다.
- 등심 부위로 Steak를 만들 수 있는 것은 Club Steak, New York Steak, Rib-eye Steak, Strip Steak 등이 있다.
- 스테이크란 육류, 생선, 햄 등을 덩어리로 조리하거나 육류나 생선을 갈아 다른 재료를 혼합하여 덩어리로 만들어 조리하는 것을 말한다.

재료

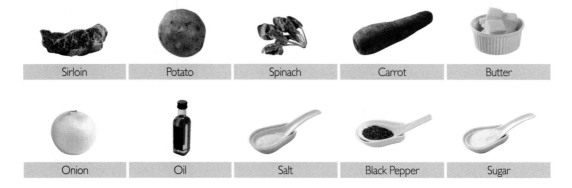

Sirloin	Potato	Spinach	Carrot	Butter
Onion	Oil	Salt	Black Pepper	Sugar

준비작업

❶ 양파 다지기

❷ 쇠고기 손질하기

쇠고기는 기름기를 제거하고 칼등으로 두들긴 다음 식용유에 양파를 조금 섞어 재워놓는다.

❸ 채소 손질하기

감자는 껍질을 벗겨 0.7㎝×0.7㎝×5㎝ 길이로 잘라 물에 담가 전분을 뺀 뒤 물기를 제거하여 둔다.
시금치는 다듬어 소금물에 데친 후 찬물에 헹구어 5㎝ 길이로 잘라놓는다.
당근은 껍질을 벗겨 0.3㎝ 정도의 두께로 썰어 가장자리를 다듬어 놓는다(Carrot Vichy 모양). 양파는 다져놓는다.

❹ 파슬리 다지기

조리작업

❶ 고기 굽기

재워놓은 고기에 소금, 후추를 뿌린 뒤 팬이 뜨겁게 달구어지면 처음에는 센 불에서 양쪽을 갈색이 나도록 구운 뒤 약한 불로 속까지 익힌다.

❷ 채소 익히기

감자 : 기름에 튀겨 뜨거울 때 소금을 뿌려둔다. → French Fried Potato
당근 : 당근은 설탕, 소금, 버터를 넣어 윤기나게 조린다.
시금치 : 팬을 약간 달구어 양파를 볶다가 시금치를 넣고 윤기나게 볶은 후 소금, 후추로 간한다.

❸ 담기

접시에 감자, 시금치, 당근을 담은 다음 고기를 담는다.

TIP

1. 시금치를 너무 오래 데치거나 볶으면 갈변하므로 주의한다.
2. 당근을 조린 후 5g의 버터를 넣어 윤기나게 마무리한다.
3. 스테이크를 접시에 놓았을 때 위로 가는 면을 갈색으로 굽고 나머지 면을 차례로 구워야 한다.
4. 스테이크는 뜨겁게 달군 팬에 구워야 표면이 응고되어 육즙이 나오지 않으므로 맛있는 스테이크를 만들 수 있다.

확인하기(채점 기준표)

❶ 더운 채소요리 : 더운 채소 중 감자, 시금치, 당근의 요리방법 및 모양 등이 적당해야 한다.
❷ 쇠고기 준비 : 쇠고기를 모양 있게 다듬어 소금, 후추 등을 뿌린다.
❸ 등심 스테이크 굽기 : 고기를 앞뒤로 갈색이 나게 구워 탄력이 있어야 한다.

Barbecue Porkchop

바비큐 포크찹

요구사항

주어진 재료를 사용하여 다음과 같이 바비큐 포크찹을 만드시오.

❶ 고기는 뼈가 붙은 채로 사용하고 고기의 두께는 1cm 정도로 하시오.
   (단. 지급재료에 따라 가감한다.)

❷ 완성된 소스 상태가 윤기가 나며 겉물이 흘러나오지 않도록 하시오.

수검자 유의사항

❶ 주어진 재료로 소스를 만들고 농도에 유의한다.

❷ 재료의 익히는 순서를 고려하여 끓인다.

❸ 조리작품 만드는 순서는 틀리지 않게 하여야 한다.

❹ 숙련된 기능으로 맛을 내야 하므로 조리작업 시 음식의 맛을 보지 않는다.

❺ 채점대상에서 제외되는 경우

– 시험시간 내에 과제 두 가지를 제출하지 못한 경우 : 미완성

– 시험시간 내에 제출된 과제라도 다음과 같은 경우

• 문제의 요구사항대로 작품의 수량이 만들어지지 않은 경우 : 미완성

• 해당과제의 지급재료 이외의 재료를 사용한 경우 : 오작

• 구이를 찜으로 조리하는 등과 같이 조리방법을 다르게 만든 경우 : 오작

• 불을 사용하여 만든 조리작품이 작품특성에 벗어나는 정도로 타거나 익지 않은 경우 : 실격

• 가스레인지 화구를 2개 이상 사용한 경우 : 실격

• 시험 중 시설·장비(칼, 가스레인지 등) 사용 시 감독위원 및 타 수험자의 시험 진행에 위협이 될 것으로 감독위원 전원이 합의하여 판단한 경우 : 실격

지급재료 목록

돼지갈비(살두께 1㎝ 이상, 뼈를 포함한 길이 10㎝) 200g	식초 5ml
양파(중, 150g 정도) 1/4개	월계수잎 1잎
셀러리 30g	밀가루(중력분) 10g
토마토케첩 30g	소금(정제염) 2g
우스터소스 3ml	검은 후춧가루 2g
황설탕 5g	마늘 1쪽
핫소스 2ml	비프 스톡(육수, 물로 대체 가능) 200ml
버터(무염) 10g	식용유 30ml

Key Point

• Barbecue란 육류나 생선, 가금(家禽) 등을 채소와 곁들여 장작불이나 숯불 등에 굽는 요리를 말한다.

• Barbecue소스란 토마토퓌레, 우스터소스, 사이다 비네가, 식용유, 양파, 마늘 다진 것, 설탕, 칠리 파우더, 후추를 섞어서 조린 소스이다.

• 포크찹에 사용되는 돼지고기는 뼈가 붙은 등심을 이용한다.

재료

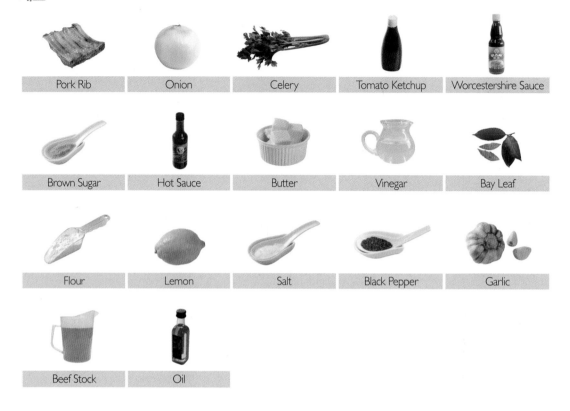

Pork Rib	Onion	Celery	Tomato Ketchup	Worcestershire Sauce
Brown Sugar	Hot Sauce	Butter	Vinegar	Bay Leaf
Flour	Lemon	Salt	Black Pepper	Garlic
Beef Stock	Oil			

준비작업

❶ 고기 손질하기

돼지갈비를 찬물에 담가 핏물을 제거한 후, 기름기를 제거하고
1cm 두께가 되도록 나비 모양으로 성형한 후 칼집을 넣은 다음
소금, 후추를 뿌린다.

❷ 채소 다지기

양파, 셀러리는 잘게 다진다.

조리작업

❶ 고기 굽기

밀가루를 묻힌 돼지고기를 팬에 굽는다.

❷ 바비큐 소스 만들기

소스 팬에 버터를 넣어 다진 양파, 셀러리, 마늘을 먼저 볶고 토마토케첩을 넣고 볶은 다음 물을 붓고 월계수잎, 핫소스, 황설탕, 레몬즙, 우스터소스, 식초를 넣고 끓이면서 이물질 거품을 걷어낸다.

❸ 고기 넣고 조리기

②에 구워놓은 고기를 넣고 조린다.

❹ 담기

농도가 되면 고기를 건져서 접시에 담고, 월계수잎을 건져내고 소금, 후추 간을 한 다음 남은 소소를 뿌린다.

TIP 🍳

1. 돼지갈비는 여러 가지 모양으로 제공될 수 있으므로 주어진 모양을 최대한 살려 다듬어서 사용한다.
2. 소스의 맛은 새콤달콤하며 약간 매콤한 맛이 나야 한다.
3. 소스의 농도는 자연스럽게 흐르지 않는 정도가 좋다.
4. 돼지갈비에 칼집을 넣을 때 뼈와 살이 분리되지 않도록 주의해야 한다.

확인하기(채점 기준표)

❶ 양파, 셀러리, 마늘 다지기 : 마늘, 양파와 셀러리는 곱게 다진다.

❷ 돼지고기 잔칼집 넣기 : 돼지고기는 잔칼집을 넣고 소금, 후추로 밑간한 뒤 밀가루를 묻힌다.

❸ 굽기 : 팬을 달군 후 식용유를 넣고 고기가 타지 않도록 모양을 유지하면서 잘 굽는다.

❹ 소스 만들기 : 소스 팬에 버터를 두르고 양파와 마늘, 셀러리를 볶고 케첩을 넣어 볶은 뒤 물을 붓고 월계수잎, 핫소스, 레몬즙, 우스터소스, 황설탕, 식초를 넣고 끓이면서 이물질, 거품을 건져낸다.

❺ 완성 : 완성된 소스는 겉 국물이 흐르지 않고 윤기가 있어야 한다.

❻ 소스에 고기 넣고 조리기 : 소스에 돼지고기 구운 것을 넣고 조린다.

❼ 월계수잎 건지기 : 월계수잎을 건져내고 소금, 후추로 간한다.

Chicken
A'la King

치킨 알라킹

요구사항

주어진 재료를 사용하여 다음과 같이 치킨 알라킹을 만드시오.

❶ 완성된 닭고기와 채소, 버섯의 크기는 1.8cm×1.8cm 정도로 균일하게
   하시오. (단, 지급된 재료의 크기에 따라 가감한다.)
❷ 닭뼈를 이용하여 치킨 육수를 만들어 사용하시오.
❸ 화이트 루(roux)를 이용하여 베샤멜소스를 만들어 사용하시오.

수검자 유의사항

❶ 소스의 색깔과 농도에 유의한다.

❷ 조리작품 만드는 순서는 틀리지 않게 하여야 한다.

❸ 숙련된 기능으로 맛을 내야 하므로 조리작업 시 음식의 맛을 보지 않는다.

❹ 채점대상에서 제외되는 경우

− 시험시간 내에 과제 두 가지를 제출하지 못한 경우 : 미완성

− 시험시간 내에 제출된 과제라도 다음과 같은 경우

• 문제의 요구사항대로 작품의 수량이 만들어지지 않은 경우 : 미완성

• 해당과제의 지급재료 이외의 재료를 사용한 경우 : 오작

• 구이를 찜으로 조리하는 등과 같이 조리방법을 다르게 만든 경우 : 오작

• 불을 사용하여 만든 조리작품이 작품특성에 벗어나는 정도로 타거나 익지 않은 경우 : 실격

• 가스레인지 화구를 2개 이상 사용한 경우 : 실격

• 시험 중 시설·장비(칼, 가스레인지 등) 사용 시 감독위원 및 타 수험자의 시험 진행에 위협이 될 것으로 감독위원 전원이 합의하여 판단한 경우 : 실격

지급재료 목록

닭(250~300g, 해동 지급, 영계) 1/2마리	우유 150ml
양송이(2개) 20g	양파(중, 150g 정도) 1/6개
청피망(중, 75g 정도) 1/4개	정향 1개
홍피망(중, 75g 정도) 1/6개	소금(정제염) 2g
생크림(조리용) 20g	흰 후춧가루 2g
밀가루(중력분) 15g	월계수잎 1잎
버터(무염) 20g	

Key Point

• Chicken A′la King이란 영어의 King of Chicken의 뜻으로 왕의 닭이란 뜻이다. 닭고기(혹은 칠면조), 버섯, 피망(때로는 Sherry를 첨가)을 네모지게 썰어 Cream Sauce와 함께 조리한 것이다.

재료

Chicken	Mushroom	Green Pimento	Red Pimento	Fresh Cream
Onion	Flour	Butter	Milk	Clove
Salt	White Pepper	Bay Leaf		

준비작업

❶ 닭뼈 분리하기

닭의 껍질과 뼈를 분리하고 살은 2㎝ 크기로 썬 다음 물에 담가
핏물을 제거한다.

❷ 육수 만들기

팬에 버터를 넣고 닭고기를 색이 나지 않도록 볶아 물을 넣어 끓인
다음 체에 소창을 깔고 걸러놓는다.

❸ 채소 썰기

① 양송이는 껍질을 벗기고 손질한 다음 모양대로 썬다.
② 붉은 피망, 푸른 피망, 양파는 사방 1.8㎝로 깨끗하게 썬다.

❹ 양파에 정향 끼우기

조리작업

❶ 채소 볶기

팬을 달구어 채소의 색을 살려 순서대로 볶는다.

❷ 베샤멜소스 만들기

버터를 녹여 동량의 밀가루를 넣고 약한 불에 볶아 화이트 루를 만든 다음 우유를 넣고 양파에 정향 꽂은 것을 넣어 은근하게 끓인 뒤 체에 걸러둔다.

❸ 끓이기

베샤멜소스에 스톡과 생크림을 넣어 농도를 맞춘 뒤 볶은 채소와 닭고기를 넣어 끓인 다음 소금, 흰 후추로 간을 한다.

TIP 👨‍🍳

1. 양송이는 껍질을 벗겨내고 나중에 넣는다.
2. 색이 하얗게 나와야 하고 농도를 걸쭉하게 한다.

확인하기(채점 기준표)

❶ 채소 썰기 : 채소를 다듬어 씻은 후 푸른 피망, 붉은 피망, 양파를 사방 1.8㎝로 썰고 양송이는 껍질을 벗겨 일정하게 썬다.

❷ 닭뼈 바르기 : 깨끗이 씻은 닭껍질을 제거하고 뼈를 발라 2㎝ 정도로 일정하게 썬다.

❸ 치킨육수 만들기 : 썰어놓은 닭을 버터에 살짝 볶은 후 물을 붓고 끓여 고기와 국물을 분리하여 치킨육수 거르기 작업을 한다.

❹ 채소 볶기 : 채소살이 뭉그러지지 않게 순서대로 살짝 볶아내야 한다.

❺ 베샤멜소스 만들기 : 소스 팬에 버터, 밀가루로 화이트 루를 만들어 우유를 붓고 양파에 정향을 꽂아 끓여 걸러낸다.

❻ 완성 : 소스 팬에 베샤멜소스를 넣어 치킨육수로 농도를 맞춘 후 닭고기, 채소, 생크림, 소스, 흰 후추를 넣는다.

Chicken
Cutlet

치킨 커틀릿

시험시간
30분

요구사항

주어진 재료를 사용하여 다음과 같이 치킨 커틀릿을 만드시오.

❶ 닭은 껍질째 사용하시오.

❷ 완성된 커틀릿의 두께를 1cm 정도로 하시오.

❸ 딥팻후라이(deep fat frying)로 하시오.

수검자 유의사항

❶ 닭고기 모양에 유의한다.

❷ 완성된 커틀릿의 색깔에 유의한다.

❸ 조리작품 만드는 순서는 틀리지 않게 하여야 한다.

❹ 숙련된 기능으로 맛을 내야 하므로 조리작업 시 음식의 맛을 보지 않는다.

❺ 채점대상에서 제외되는 경우

– 시험시간 내에 과제 두 가지를 제출하지 못한 경우 : 미완성

– 시험시간 내에 제출된 과제라도 다음과 같은 경우

• 문제의 요구사항대로 작품의 수량이 만들어지지 않은 경우 : 미완성

• 해당과제의 지급재료 이외의 재료를 사용한 경우 : 오작

• 구이를 찜으로 조리하는 등과 같이 조리방법을 다르게 만든 경우 : 오작

• 불을 사용하여 만든 조리작품이 작품특성에 벗어나는 정도로 타거나 익지 않은 경우 : 실격

• 가스레인지 화구를 2개 이상 사용한 경우 : 실격

• 시험 중 시설 · 장비(칼, 가스레인지 등) 사용 시 감독위원 및 타 수험자의 시험 진행에 위협이 될 것으로 감독위원 전원이 합의하여 판단한 경우 : 실격

지급재료 목록

닭고기(250~300g, 해동 지급, 영계) .. 1/2마리
달걀 1개
밀가루(중력분) 30g
빵가루(마른 것) 50g

소금(정제염) 2g
검은 후춧가루 2g
식용유 300ml
냅킨(흰색, 기름 제거용) 2장

Key Point

• Deep-fat Frying이란 기름을 넉넉히 넣고 튀기는 조리법을 말한다.
• 커틀릿(Cutlet)이란 얇고 부드러운 고기조각을 뜻하거나 고기를 얇게 펴서 밀가루, 달걀, 빵가루를 씌워 튀기는 조리법을 뜻한다.

재료

| Chicken | Egg | Flour | Bread Crumbs | Salt |

| Black Pepper | Oil | Napkin |

준비작업

❶ 닭 손질하기

닭은 깨끗이 씻어 뼈를 발라내고 살을 펴서 칼등으로 고루 다져주면서 껍질 쪽은 칼로 찍어준다.

❷ 달걀은 잘 섞어놓는다.

❸ 빵가루 손질하기

빵가루에 물을 조금 뿌려 촉촉하게 만든다.

조리작업

❶ 기름 가열하기

기름은 180℃까지 가열하여 놓는다.

(빵가루를 떨어뜨려 보았을 때 가라앉지 않고 바로 뜨고 황금색이 난다.)

❷ 닭고기 손질하기

닭고기에 소금, 후추를 뿌리고 밀가루를 빈틈없이 발라 달걀을 흠뻑 적신 뒤 빵가루를 골고루 눌러가며 묻힌다.

❸ 튀기기

180℃ 되는 기름에 닭고기를 옆으로 살며시 넣은 다음 모양을 유지하면서 황금 갈색(Golden Brown)으로 튀겨낸다.

❹ 기름기 제거

흡수지에 얹어 여분의 기름을 제거하고 접시에 담는다.

> **TIP** 👨‍🍳
>
> 1. 빵가루가 너무 말라 있으면 표면만 타므로 분무기 등으로 물을 뿌려 촉촉하게 만든다.
> 2. 닭은 손질한 후 오그라지지 않도록 힘줄에 군데군데 칼집을 넣는다.

확인하기(채점 기준표)

❶ 닭뼈 바르기 : 닭뼈를 발라 얇게 살을 펴준다.

❷ 껍질에 칼집 넣기 : 오그라들지 않도록 껍질 쪽과 힘줄에 칼집을 넣는다.

❸ 소금, 후추 간하기 : 닭에 소금, 후추로 알맞게 간한다.

❹ 밀가루, 달걀물, 빵가루 입히기 : 닭에 밀가루, 달걀물, 빵가루 순서로 입힌다.

❺ 튀기기 : 180℃ 튀김기름에 모양을 유지하면서 황금색이 나도록 튀겨낸다.

❻ 기름 제거 : 기름을 제거하여 접시에 담는다.

시험시간
30분

Hamburger
Sandwich

햄버거 샌드위치

요구사항

주어진 재료를 사용하여 다음과 같이 햄버거 샌드위치를 만드시오.

❶ 구워진 고기의 두께는 1cm 정도로 하시오.
❷ 토마토, 양파는 0.5cm 정도의 두께로 썰고 양상추는 빵크기에 맞추시오.
❸ 빵 사이에 위의 재료를 넣어 반 잘라 내시오.

수검자 유의사항

❶ 구워진 고기가 단단해지거나 부서지지 않도록 한다.

❷ 빵에 수분이 흡수되지 않도록 유의한다.

❸ 조리작품 만드는 순서는 틀리지 않게 하여야 한다.

❹ 숙련된 기능으로 맛을 내야 하므로 조리작업 시 음식의 맛을 보지 않는다.

❺ 채점대상에서 제외되는 경우

– 시험시간 내에 과제 두 가지를 제출하지 못한 경우 : 미완성

– 시험시간 내에 제출된 과제라도 다음과 같은 경우

• 문제의 요구사항대로 작품의 수량이 만들어지지 않은 경우 : 미완성

• 해당과제의 지급재료 이외의 재료를 사용한 경우 : 오작

• 구이를 찜으로 조리하는 등과 같이 조리방법을 다르게 만든 경우 : 오작

• 불을 사용하여 만든 조리작품이 작품특성에 벗어나는 정도로 타거나 익지 않은 경우 : 실격

• 가스레인지 화구를 2개 이상 사용한 경우 : 실격

• 시험 중 시설 · 장비(칼, 가스레인지 등) 사용 시 감독위원 및 타 수험자의 시험 진행에 위협이 될 것으로 감독위원 전원이 합의하여 판단한 경우 : 실격

지급재료 목록

쇠고기(살코기 덩어리) 100g	빵가루(마른 것) 30g
햄버거 빵(중) 1개	달걀 1개
양파(중, 150g 정도) 1개	버터(무염) 15g
셀러리 30g	식용유 20ml
토마토(중, 150g 정도, 둥근 모양이 되도록	소금(정제염) 3g
잘라서 지급) 1/2개	검은 후춧가루 1g
양상추 20g	

Key Point

• 햄버거 역사학자들은 햄버거에 들어가는 패티가 함부르크에서 유래됐다는 사실에는 모두 동의하고 있다. 하지만 빵 속에 패티 넣는 것을 고안한 사람이 누구인지에 대해서는 논란이 많다. 먼저 미 의회 문서에 따르면, 코네티컷주 뉴헤이븐(New Haven)에서 처음으로 햄버거가 탄생했다고 한다.

• Louis' Lunch라는 작은 레스토랑에서 1900년에 바쁘게 출퇴근하는 노동자를 위해 걸어가면서도 먹을 수 있도록, 빵 속에 치즈와 다른 채소를 넣어 판 것이 그 유래라는 것이다.

• 또 다른 유래는 미국 텍사스에서 처음 탄생했다는 설이다. 1904년 한 요리축제에서 조그만 음식점을 운영하는 플레처 데이비스(Fletcher Davis)라는 요리사가 햄버거를 처음으로 선보였다는 것이다. 대중에게 처음으로 선보인 이상한 샌드위치는 당시 신문기사에 소개된 자료가 남아 있기도 하다.

재료

| Beef | Hamburger Bun | Onion | Celery | Tomato |

| Lettuce | Bread Crumbs | Egg | Butter | Oil |

| Salt | Black Pepper |

준비작업

❶ 양상추 물에 담그기

물기를 제거하고 빵 크기로 썬다.

❷ 채소 다지기

양파 일부와 셀러리는 곱게 다진다.

❸ 토마토, 양파 썰기

토마토와 양파는 0.5㎝ 두께로 썬다.

❹ 쇠고기 다지기

쇠고기는 기름기를 제거하고 다져놓는다.

❺ 빵가루 준비하기

빵가루는 물을 조금 뿌려 촉촉하게 만든다.

조리작업

❶ 빵 굽기

햄버거빵을 반으로 잘라 버터를 고루 펴 바르고 갈색이 나도록 굽는다.

❷ 채소 볶기

양파, 셀러리를 볶아서 식혀둔다.

❸ 고기 반죽하기

쇠고기 다진 것, 채소 볶은 것, 빵가루 촉촉하게 한 것, 달걀, 소금, 후추를 넣고 식용유를 손에 발라 1.5㎝ 두께로 햄버거빵 크기에 맞추어 매끈하게 모양을 만든다.

❹ 고기 굽기

처음에는 갈색이 나도록 센 불에서 앞뒤로 구운 후 약한 불로 속까지 익힌다.

❺ 만들기

빵에 양상추, 양파, 구운 고기, 토마토(소금, 후추로 간한다) 순으로 얹고 햄버거빵 뚜껑을 덮는다.

❻ 담기

빵을 잘라 담는다.

TIP

1. 고기를 꼬챙이로 찔러가면서 구우면 균일하게 구워진다.
2. 빚은 고기(Patty)는 모양을 만들 때 식용유를 손에 묻혀서 만들고 가운데가 들어가도록 한다.

확인하기(채점 기준표)

❶ 쇠고기 다지기 : 쇠고기를 알맞게 다져야 한다.

❷ 양파 일부, 셀러리 다지기 : 양파의 일부와 셀러리를 곱게 다진다.

❸ 양파, 셀러리 볶기 : 알맞게 볶는다.

❹ 고기 양념 및 둥글게 볶기 : 다진 고기에 소금, 후춧가루와 달걀, 양파, 셀러리, 빵가루 등을 모두 넣어 1.5㎝ 두께로 매끄럽게 빚는다.

❺ 고기 굽기 : 갈색이 나고 전체적으로 잘 익어야 한다.

❻ 양상추, 토마토, 양파 썰기 : 양상추를 빵 크기에 맞게 자르고 토마토, 양파는 0.5㎝ 두께로 둥글게 썰어야 한다.

❼ 완성 : 구운 빵에 양상추, 양파, 고기, 토마토를 조화롭고 안정되게 넣는다.

Bacon Lettuce Tomato Sandwich

베이컨, 레터스, 토마토 샌드위치

요구사항

주어진 재료를 사용하여 다음과 같이 베이컨, 레터스, 토마토 샌드위치를 만드시오.

❶ 빵은 구워서 사용하시오.

❷ 토마토는 0.5cm 정도의 두께로 썰고, 베이컨은 구워서 사용하시오.

❸ 완성품은 모양있게 썰어 전량을 내시오.

수검자 유의사항

❶ 베이컨의 굽는 정도와 기름 제거에 유의한다.

❷ 샌드위치의 모양이 나빠지지 않도록 썰 때 유의한다.

❸ 조리작품 만드는 순서는 틀리지 않게 하여야 한다.

❹ 숙련된 기능으로 맛을 내야 하므로 조리작업 시 음식의 맛을 보지 않는다.

❺ 채점대상에서 제외되는 경우

– 시험시간 내에 과제 두 가지를 제출하지 못한 경우 : 미완성

– 시험시간 내에 제출된 과제라도 다음과 같은 경우

• 문제의 요구사항대로 작품의 수량이 만들어지지 않은 경우 : 미완성

• 해당과제의 지급재료 이외의 재료를 사용한 경우 : 오작

• 구이를 찜으로 조리하는 등과 같이 조리방법을 다르게 만든 경우 : 오작

• 불을 사용하여 만든 조리작품이 작품특성에 벗어나는 정도로 타거나 익지 않은 경우 : 실격

• 가스레인지 화구를 2개 이상 사용한 경우 : 실격

• 시험 중 시설·장비(칼, 가스레인지 등) 사용 시 감독위원 및 타 수험자의 시험 진행에 위협이 될 것으로 감독위원 전원이 합의하여 판단한 경우 : 실격

지급재료 목록

식빵(샌드위치용)	3조각	베이컨(길이 25~30㎝ 정도)	3조각
양상추(2잎, 잎상추로 대체 가능)	20g	버터(무염)	50g
토마토(중, 150g 정도 둥근 모양이 되도록		소금(정제염)	3g
잘라서 지급)	1/2개	검은 후춧가루	1g

Key Point

• B.L.T.란 베이컨, 양상추, 토마토를 넣어 만든 샌드위치이다.
• 샌드위치는 식사를 거르면서 도박을 자주 한 샌드위치 백작 4세를 위해 하인이 빵조각 사이에 고기나 채소 등을 끼워 가져다준 데서 비롯되었다.

재료

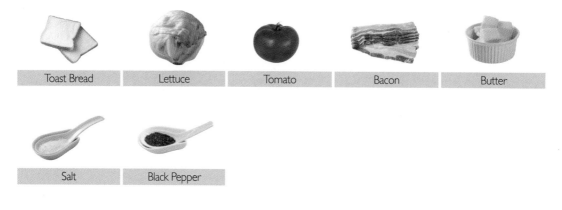

| Toast Bread | Lettuce | Tomato | Bacon | Butter |

| Salt | Black Pepper |

준비작업

❶ 식빵 토스트하기

팬을 달구어 버터나 기름을 넣지 않고 식빵의 양면을 구워서 식힌다.

❷ 상추 물기 제거

상추는 물에 담가 싱싱하게 하고 물기를 제거해 놓는다.

❸ 토마토 썰기

0.5㎝ 두께로 균일하게 썬다.

❹ 베이컨 구워 기름 빼기

베이컨은 구워 흡수지로 눌러서 여분의 기름을 빼면서 반듯하게 만들어놓는다.

❺ 버터 바르기

식빵에 버터를 골고루 펴 바른다. (버터는 약간 녹이면 잘 발린다.)

조리작업

❶ 샌드위치 만들기

식빵에 상추 한 잎과 베이컨을 놓고 그 위에 버터를 양면에 바른 식빵을 덮은 다음 상추 한 잎과 토마토를 놓고 소금, 후추를 뿌린 다음 식빵 하나를 덮는다.

❷ 자르기

식빵을 가볍게 누르면서 가장자리 부분은 잘라내고 4쪽으로 잘라서 낸다.

TIP 🍳

1. 토스트는 약불에서 은근히 구워야 색깔이 골고루 난다.
2. 빵을 구운 후 세워서 식힌다.
3. 빵을 자를 때에는 4각 모퉁이를 이쑤시개로 고정한 뒤 변형되지 않도록 주의한다.
4. 베이컨은 많이 구우면 딱딱해져서 잘 잘라지지 않으므로 주의한다.
5. 빵에 도마 위의 수분이 전달되지 않도록 주의한다(알루미늄호일 사용).

확인하기(채점 기준표)

❶ 식빵 토스트하기

❷ 상추 물기 제거하기

❸ 토마토 썰기

❹ 베이컨 굽기 및 기름 빼기

❺ 버터 바르기

❻ 상추, 베이컨, 토마토 놓기

❼ 식빵 맞붙이기

❽ 샌드위치 썰기

Spaghetti
Carbonara

스파게티
카르보나라

시험시간
30분

요구사항

주어진 재료를 사용하여 다음과 같이 스파게티 카르보나라를 만드시오.

❶ 스파게티 면은 al dente(알덴테)로 삶아서 사용하시오.

❷ 파슬리는 다지고 통후추는 곱게 으깨서 사용하시오.

❸ 베이컨은 1cm 정도 크기로 썰어, 으깬 통후추와 볶아서 향이 잘 우러나게
  하시오.

❹ 생크림은 달걀노른자를 이용한 리에종(Liaison)과 소스에 사용하시오.

수검자 유의사항

❶ 크림에 리에종을 넣어 소스 농도를 잘 조절하며, 소스가 분리되지 않도록 한다.

❷ 조리작품 만드는 순서는 틀리지 않게 하여야 한다.

❸ 숙련된 기능으로 맛을 내야 하므로 조리작업 시 음식의 맛을 보지 않는다.

❹ 채점대상에서 제외되는 경우

– 시험시간 내에 과제 두 가지를 제출하지 못한 경우 : 미완성

– 시험시간 내에 제출된 과제라도 다음과 같은 경우

• 문제의 요구사항대로 작품의 수량이 만들어지지 않은 경우 : 미완성

• 해당과제의 지급재료 이외의 재료를 사용한 경우 : 오작

• 구이를 찜으로 조리하는 등과 같이 조리방법을 다르게 만든 경우 : 오작

• 불을 사용하여 만든 조리작품이 작품특성에 벗어나는 정도로 타거나 익지 않은 경우 : 실격

• 가스레인지 화구를 2개 이상 사용한 경우 : 실격

• 시험 중 시설 · 장비(칼, 가스레인지 등) 사용 시 감독위원 및 타 수험자의 시험 진행에 위협이 될 것으로 감독위원 전원이 합의하여 판단한 경우 : 실격

지급재료 목록

재료	수량	재료	수량
스파게티면(건조면)	80g	생크림	180mL
파마산 치즈가루	10g	검은 통후추	5개
올리브 오일	20mL	베이컨(15~20cm)	2개
파슬리(잎, 줄기 포함)	1줄기	식용유	20mL
버터(무염)	20g	달걀	1개
소금(정제염)	5g		

Key Point

• 스파게티 카르보나라라는 명칭은 생크림과 노른자를 사용하고 파스타에 검은 후추가 석탄처럼 뿌려져 있어서 지어진 이름이다.

• 알덴테(al dente) : 채소나 파스타류의 맛을 볼 때, 이로 끊어 보아서 너무 부드럽지도 않고 과다하게 조리되어 물컹거리지도 않아 약간의 저항력을 가지고 있어 씹는 촉감이 느껴지는 것을 말한다. 즉 스파게티면을 삶았을 때 안쪽에서 단단함이 살짝 느껴질 정도를 말한다.

재료

Spaghetti	Olive Oil	Butter	Fresh Cream	Bacon
Egg	Parmesan Cheese	Parsley	Salt	Whole Pepper

준비작업

❶ 파슬리 찬물에 담그기

싱싱해지면 잎을 곱게 다져서 소창으로 수분을 제거한다.

❷ 리에종을 만든다

달걀노른자 1개와 생크림 1~2TS을 잘 섞어둔다.

❸ 스파게티 삶기

- 냄비에 물 4컵 + 소금 2ts을 넣어 끓인 다음 물이 끓으면 스파게티면을 부채꼴로 넣어 삶는다.
  알덴테(약 6~7분 정도) : 젓가락으로 감기는 정도
- 삶은 면은 체에 물기를 빼준 후 그릇에 담아 오일을 약간 뿌려 버무려준다.
- 삶은 물 1컵 정도는 남겨둔다.

❹ 베이컨 썰기

베이컨은 1cm 폭으로 썰어준다.

❺ 통후추 으깨기 & 파슬리 다지기

통후추는 으깨고, 파슬리는 곱게 다져 가루를 만들어둔다.

조리작업

❶ 으깬 통후추 & 베이컨 볶기

팬에 버터와 올리브오일을 넣고 먼저 으깬 통후추를 넣어 잘 볶은 다음, 썰어둔 베이컨을 넣어 볶는다.

❷ 스파게티면을 넣고 생크림 조리기

후추와 베이컨 향이 우러나면 삶은 면을 넣고, 생크림을 넣어 조려준다.
(면 삶은 물로 농도 조절) : 걸쭉하게 될 정도

❸ 간 맞추기

조려진 스파게티를 약불로 한 후, 리에종(약 2/3 정도 사용)을 넣어 버무린 다음 소금으로 간한다.

❹ 담기

접시에 담은 후 파마산치즈가루와 파슬리가루를 뿌려낸다.

TIP

1. 베이컨과 으깬 통후추를 잘 볶아주면 향이 고소하게 살아 있다.
2. 리에종(달걀노른자 + 생크림)은 불 조절을 잘하여 익지 않도록 한다.
3. 스파게티면은 물이 끓기 시작하여 6~7분간 삶는다.
4. 완성되면 체에 밭쳐 물기를 제거하고 올리브오일로 버무려 붙지 않게 해준다.

확인하기(채점 기준표)

❶ 파슬리 다지기 : 찬물에 담근 파슬리가 싱싱해지면 곱게 다져 소창으로 수분을 제거한다.

❷ 으깬 통후추와 베이컨 볶기

❸ 스파게티면 삶기 : 올리브오일과 소금을 넣고 물이 끓으면 스파게티면을 알덴테로 삶아준다.

❹ 파스타 완성하기 : ②에 삶은 면을 볶다가 생크림을 넣고 졸이다가 약한 불로 조절하여 달걀노른자와 생크림을 넣은 리에종을 첨가한 후 소금으로 간 한다.

❺ 접시 담기 : 접시에 담고, 파마산치즈와 으깬 통후추를 뿌려 완성한다.

Seafood Spaghetti Tomato Sauce

해산물 토마토소스 스파게티

요구사항

주어진 재료를 사용하여 다음과 같이 해산물 토마토소스 스파게티를 만드시오.

시험시간 **35분**

❶ 스파게티면은 al dente(알덴테)로 삶아서 사용하시오.

❷ 조개는 껍질째, 새우는 껍질을 벗겨 내장을 제거하고, 관자살은 편으로 썰고, 오징어는 0.8cm x 5cm 정도 크기로 썰어 사용하시오.

❸ 해산물은 화이트와인을 사용하여 조리하고, 마늘과 양파는 해산물 조리와 토마토소스 조리에 나누어 사용하시오.

❹ 바질을 넣은 토마토소스를 만들어 사용하시오.

❺ 스파게티는 토마토소스에 버무리고 다진 파슬리와 슬라이스한 바질을 넣어 완성하시오.

수검자 유의사항

❶ 토마토소스는 자작한 농도로 만들어야 한다.

❷ 스파게티는 토마토소스와 잘 어우러지도록 한다.

❸ 조리작품 만드는 순서는 틀리지 않게 하여야 한다.

❹ 숙련된 기능으로 맛을 내야 하므로 조리작업 시 음식의 맛을 보지 않는다.

❺ 채점대상에서 제외되는 경우

　– 시험시간 내에 과제 두 가지를 제출하지 못한 경우 : 미완성

　– 시험시간 내에 제출된 과제라도 다음과 같은 경우

　• 문제의 요구사항대로 작품의 수량이 만들어지지 않은 경우 : 미완성

　• 해당과제의 지급재료 이외의 재료를 사용한 경우 : 오작

　• 구이를 찜으로 조리하는 등과 같이 조리방법을 다르게 만든 경우 : 오작

　• 불을 사용하여 만든 조리작품이 작품특성에 벗어나는 정도로 타거나 익지 않은 경우 : 실격

　• 가스레인지 화구를 2개 이상 사용한 경우 : 실격

　• 시험 중 시설·장비(칼, 가스레인지 등) 사용 시 감독위원 및 타 수험자의 시험 진행에 위협이 될 것으로
　 감독위원 전원이 합의하여 판단한 경우 : 실격

지급재료 목록

스파게티면(건조 면) 70g	바질(신선한 것) 4잎
새우(껍질 있는 것) 3마리	화이트 와인 20mL
토마토(캔, 국물 포함) 300g	파슬리(잎, 줄기 포함) 1줄기
모시조개(지름 3cm 정도) 3개	소금 5g
마늘 3쪽	방울토마토(붉은색) 2개
오징어(몸통) 50g	흰 후춧가루 5g
양파(150g 정도) 1/2개	올리브오일 40mL
관자살(50g 정도) 1개	식용유 20mL

재료

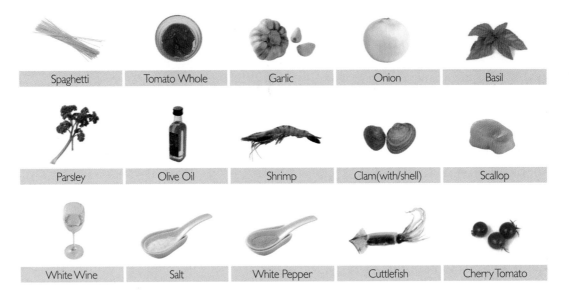

Spaghetti	Tomato Whole	Garlic	Onion	Basil
Parsley	Olive Oil	Shrimp	Clam(with/shell)	Scallop
White Wine	Salt	White Pepper	Cuttlefish	Cherry Tomato

준비작업

❶ 스파게티면 삶기

- 물 4컵 + 소금 2ts + 식용유 2ts 넣어서 물이 끓으면 알덴테로 삶는다.
  (보통 6~7분 정도 삶거나, 젓가락으로 저어서 말리는 정도)
- 삶은 면의 물은 한 컵 정도 남겨두고, 물기를 뺀 뒤 식용유에 버무려 준비한다.

❷ 마늘, 양파는 다지기

1/2은 토마토소스에 넣어준다.

❸ 파슬리 다지기

파슬리는 다져 행주나 면포에 담고 씻어 가루를 낸다.

❹ 해산물 손질하기

- 오징어는 소금에 문질러 씻어 껍질과 내장 제거 후 0.8cm×5cm 크기로 잘라 놓고, 모시조개는 깨끗이 씻은 후 소금물에 담가 놓는다.
- 관자는 소금에 씻은 후 감싸고 있는 막을 제거한 후 슬라이스하고, 새우는 소금에 문질러 씻은 후 내장과 껍질을 벗겨 씻어둔다.

❺ 바질 손질하기

바질은 슬라이스한다. (1/2은 토마토소스, 1/2은 마무리에 사용한다.)

❻ 방울토마토와 토마토홀 다지기

방울토마토는 끓는 물에 데친 후 껍질을 벗겨 굵게 다져주며, 토마토홀은 다진다.

조리작업

팬에 올리브오일을 넣은 후 양파, 마늘 다진 것 1/2을 넣고 잘 볶은 후 해산물을 넣고 볶다가 잡내 제거를 위해 화이트와인을 넣고 조려(와인이 완전히 조려질 때까지) 토마토소스를 넣고 농도가 되도록 끓인다.

❶ 토마토소스 만들기

팬에 올리브오일 1TS을 두른 후 다진 양파와 마늘 1/2을 넣고 잘 볶은 다음 다진 방울토마토와 캔토마토를 넣고 다시 잘 볶은 뒤 바질슬라이스 1/2을 첨가하여 소스를 만든다.

❷ 완성하기

스파게티 삶은 것과 면 삶은 물 1/2C을 넣어 조린 다음(걸쭉하게 될 때까지) 소금, 후추 간을 하여 불을 끄고 다진 파슬리와 슬라이스한 바질을 뿌려낸다.

TIP 👨‍🍳

1. 스파게티면은 물이 끓기 시작하여 6~7분간 삶는다. 완성되면 체에 받쳐 물기를 제거하고 올리브오일로 버무려 붙지 않게 해준다.
2. 해산물의 비린내가 나지 않도록 잘 볶아준다.
3. 토마토홀(캔토마토)은 토마토의 씨와 껍질을 제거하여 가공한 것이다.
4. 바질잎의 1/2은 토마토소스에 슬라이스하여 넣어주고 나머지 1/2의 바질은 모양을 살려 가니쉬(고명)로 사용한다.

확인하기(채점 기준표)

❶ 마늘, 양파를 다진다 : 토마토소스에 1/2을 넣고, 해산물 스파게티에 1/2을 넣어준다.

❷ 해산물 손질 : 오징어는 소금물에 문질러 씻어 껍질을 제거한다.

❸ 스파게티면 삶기 : 올리브오일과 소금을 넣고 물이 끓으면 스파게티면을 알덴테로 삶아준다.

Western Cooking Practice

03

조리산업기사
이론

1. 조리산업기사(양식) 개요

1) 조리산업기사 자격증이란?

외식산업이 점점 대형화 · 전문화하면서 조리업무 전반에 대한 기술 · 인력 · 경영 관리를 담당할 전문 인력의 필요성이 커지고 있다.

이에 따라 정부는 기존의 기능만을 평가하는 조리기능사 자격으로는 외식산업 발전에 한계가 있다고 보고 조리산업 중간관리자의 기술과 관리능력을 평가하는 조리산업기사 자격을 신설했다. 조리산업기사는 외식업체 등 조리산업 관련기관에서 조리업무가 효율적으로 이뤄질 수 있도록 관리하는 역할을 맡는다.

한식, 중식, 일식, 양식, 복어조리부문에 배속되어 제공될 음식에 대한 계획을 세우고 조리할 재료를 선정, 구입, 검수하고 선정된 재료를 적정한 조리기구를 사용하여 조리업무를 수행하며 또한 음식을 제공하는 장소에서 조리시설 및 기구를 위생적으로 관리, 유지하고, 필요한 각종 재료를 구입, 위생학적, 영양학적으로 저장 관리하면서 제공될 음식을 조리하여 제공하는 직종이다.

2) 진로 및 전망

호텔을 비롯한 관광업소와 일반 요식업소 및 기업체, 학교, 병원 등의 단체급식소에 진출 수 있으며 자영업 경영이 가능하다. 개별단위업소에 의한 대규모 고용은 없으며 업체 간, 지역 간의 이동이 많은 편이고 고용과 임금에 있어서 안정적이지는 못한 편이지만, 조리 전문가로 인정받게 되면 높은 수익과 직업적 안정성을 보장받게 된다.

3) 응시자격

(1) 다음 각 호의 1에 해당하는 자

① 기능사의 자격을 취득한 후 응시하고자 하는 종목이 속하는 동일 직부분야에서 1년 이상 실무에 종사한 자
② 다른 종목의 산업기사 자격을 취득한 자
③ 전문대학 졸업자 등 또는 그 졸업예정자
④ 기술자격종목별로 산업기사의 수준에 해당하는 교육훈련을 실시하는 기관으로서 고용노동부령이 정하는 교육훈련기관의 기술훈련과정을 이수한 자 또는 그 이수 예정자
⑤ 국제기능올림픽대회나 고용노동부 장관이 인정하는 국내기능경기대회에서 입상한 자와 기능장려법에 의하여 명장으로 선정된 자
⑥ 응시하고자 하는 종목이 속하는 동일 직무분야에서 2년 이상 실무에 종사한 자
⑦ 외국에서 동일한 등급 및 종목에 해당하는 자격을 취득한 자

4) 검정방법 및 시험과목

① 시 행 처
한국산업인력공단

② 시험과목
- 필기 : 1. 식품위생 및 관련법규 2. 식품학 3. 조리이론 및 급식관리 4. 공중보건학
- 실기 : 양식조리 실무

③ 검정방법
- 필기 : 객관식 4지 택일형, 과목당 20문항(과목당 30분)
- 실기 : 작업형(2시간 정도)

④ 합격기준
- 필기 : 100점을 만점으로 과목당 40점 이상, 전 과목 평균 60점 이상
- 실기 : 100점을 만점으로 하여 60점 이상

5) 접수방법 및 유의사항

(1) 제출서류

(개) 필기시험 원서접수 시 제출서류

① 수검원서 1통(우리공단에서 배포하는 소정양식으로 작성하되 접수일 전 6월 이내에 촬영한 3.5cm×4.5cm 규격의 동일원판 탈모상반신 사진 2매)

② 검정과목의 일부 또는 필기시험 전 과목 면제 해당자는 수검원서 면제신청란에 취득한 자격명칭 및 자격등록번호를 정확히 기재하여 제출

③ 다른 법령에 의한 자격취득자 중 필기시험 과목면제 해당자는 자격증 원본 제시 및 검정과목면제신청서와 자격증 사본 제출

④ 외국에서 기술자격을 취득한 자로서 검정과목의 일부 또는 전부의 면제를 받고자 하는 자는 검정과목면제신청서, 해외공관장이 확인한 자격증 사본 및 이력서, 자격을 취득한 국가의 자격법령에 관한 자료와 각 관련 자료 번역문 각 1부

※ 해외공관장 확인 : 자격증을 발행한 국가에 주재하고 있는 한국대사관 또는 영사관의 확인을 말함

(내) 실기(면접)시험 원서접수 시 제출서류

① 검정의 일부시험 합격자(필기시험 면제자) : 수검원서 1통(우리공단에서 배포하는 소정양식으로 작성하되 접수일 전 6월 이내에 촬영한 3.5cm×4.5cm 규격의 동일원판 탈모상반신 사진 2매 부착)

② 다음의 응시자격서류는 필기시험 합격예정자로 발표된 자에 한하여 수검 자격을 인정할 수 있는 관계증명서류 각 1통씩을 응시자격서류 제출기간(당회 필기시험 합격예정자 발표일로부터 4일 이내) 중 제출해야 하며, 동 기간 중에 제출하지 않아 응시자격서류심사를 필하지 않은 자의 필기시험 합격예정은 무효가 됨)

- 국가기술자격취득자는 응시자격서류 제출기관에 자격취득사항을 전산으로 조회 신청
- 대학, 전문대학 등 졸업자는 졸업증명서
- 대학, 전문대학 졸업예정자는 최종학년 재학(졸업예정)증명서
- 대학 3학년 또는 전문대학 1학년 수료 후 중퇴, 휴학자는 수료 또는 휴학하였음을 입증할 수 있는 증명서(휴학증명서, 수료증명서, 재적증명서 등)
- 실무경력으로 응시하고자 하는 자는 우리공단에서 배포하는 소정 양식의 경력증명서 또는 재직증명서(근무부서, 근무기간, 직명, 담당 업무 '구체적으로' 명시된 것)

   – 고용노동부령으로 규정한 교육훈련기관의 이수자 및 이수예정자는 이수증명
     서 또는 이수예정증명서

(2) 유의사항

㈎ 수검원서 교부

① 교부장소 : 우리공단 4개 지역 본부 및 18개 지방 사무소, 전국 시·군·구청
   민원실
② 수검원서는 공휴일 및 행사일(공단창립기념일 '3월 18일', 근로자의 날 '5월 1일')
   등을 제외하고는 연중 교부

㈏ 수검원서 접수

① 접수장소 : 우리공단 4개 지역 본부 및 18개 지방사무소
② 필기시험대상자 : 해당종목의 필기시험 원서접수기간
③ 필기시험면제 대상자 : 해당종목의 필기시험면제자 원서접수기간(실기 '면접'시
   험 실비납부기간)
④ 필기시험 전 과목 면제 해당자 : 해당종목의 실기시험 원서접수기간
⑤ 외국자격 취득자 : 해당종목의 필기시험 원서접수기간

㈐ 기타

① 접수된 응시원서, 수수료, 응시자격서류 등은 일체 반환하지 않음
② 접수된 서류가 허위 또는 위조한 사실이 발견될 경우에는 불합격처리 또는 합
   격을 취소함
③ 필기시험 면제기간 산정 기준일이 당해시험 최종합격자 발표일에서 당해 필기
   시험 합격자 발표일로부터 2년간으로 변경
④ 실기검정일정은 수검인원에 따라 변경(연장 또는 단축)될 수 있음
⑤ 기타 문의사항이 있을 경우 가까운 우리공단 지역본부 또는 지방 사무소로 문의
   하시기 바람

2. 조리산업기사(양식) 출제기준

출제기준(필기)

직무 분야	음식 서비스	중직무 분야	조리	자격 종목	조리산업기사(양식)	적용 기간	2016. 1. 1 ~ 2018. 12. 31

○직무내용: 양식조리부분에 배속되어 제공될 음식에 대한 계획을 세우고 조리할 재료를 선정, 구입, 검수, 보관 및 저장하며 맛, 영양, 위생적인 음식을 조리하고 조리기구 및 시설 관리를 유지하며 급식 및 외식경영을 수행하는 직무

필기검정방법	객관식	문제수	80	시험시간	2시간

필기과목명	문제수	주요항목	세부항목	세세항목
식품위생 및 관련법규	20	1. 식품위생 개론	1. 식품위생의 개념 및 행정기구 2. 식품과 미생물	1. 식품위생의 의의 및 행정기구 1. 미생물의 종류와 특성 2. 미생물에 의한 식품의 변질 3. 미생물 관리 4. 미생물에 의한 감염과 면역
		2. 식중독 관리	1. 세균성 식중독 2. 자연독 식중독 3. 화학적 식중독 4. 곰팡이 독소	1. 세균성 식중독의 특징 및 예방대책 1. 자연독 식중독의 특징 및 예방대책 1. 화학적 식중독의 특징 및 예방대책 1. 곰팡이 독소의 특징 및 예방대책
		3. 식품과 감염병	1. 경구감염병 2. 인수공통감염병 3. 식품과 기생충병 4. 식품과 위생동물 · 해충	1. 경구감염병의 특징 및 예방대책 1. 인수공통감염병의 특징 및 예방대책 1. 식품과 기생충병의 특징 및 예방대책 1. 위생동물의 특징 및 예방대책 2. 위생해충의 특징 및 예방대책
		4. 살균 및 소독	1. 살균 및 소독	1. 살균의 종류 및 방법 2. 소독의 종류 및 방법
		5. 식품첨가물	1. 식품첨가물	1. 식품첨가물 일반정보 2. 식품첨가물 규격기준
		6. 유해물질	1. 유해물질	1. 중금속 2. 조리 및 가공에서 기인하는 유해물질

필기과목명	문제수	주요항목	세부항목	세세항목
		7. 식품위생관리	1. HACCP, PL 등	1. HACCP, 제조물책임법 등의 개념 및 관리
			2. 개인위생관리	1. 개인위생관리
			3. 급식시설 위생관리	1. 급식시설의 위생관리
		8. 식품위생관련 법규	1. 식품위생관련법규	1. 총칙 2. 식품 및 식품첨가물 3. 기구와 용기 · 포장 4. 표시 5. 식품등의 공전 6. 검사 등 7. 영업 8. 조리사 및 영양사 9. 시정명령 · 허가취소 등 행정제재 10. 보칙 11. 벌칙
식품학	20	1. 식품과 영양	1. 식품과 영양	1. 식품군별 분류 2. 영양소의 기능 및 영양섭취기준
			2. 식품의 일반성분	1. 수분 2. 탄수화물 3. 지질 4. 단백질 5. 무기질 6. 비타민
			3. 식품의 특수성분	1. 식품의 맛 2. 식품의 색 3. 식품의 갈변 4. 식품의 냄새 5. 기타 특수성분
			4. 식품과 효소	1. 식품과 효소
조리이론 및 급식관리	20	1. 조리과학	1. 기본조리조작	1. 조리와 식품의 물리화학적 특성 2. 기본조리조작
			2. 가열조리	1. 습열조리 2. 건열조리
			3. 비가열조리	1. 비가열조리
		2. 조리이론	1. 재료별 조리특성 및 원리	1. 곡류 및 두류 2. 수조육류 및 어패류 3. 난류 4. 우유 및 유제품 5. 채소 및 과일

필기과목명	문제수	주요항목	세부항목	세세항목
		2. 조리이론	1. 재료별 조리특성 및 원리	6. 해조류 7. 유지류 8. 냉동식품의 조리 9. 조미료 및 향신료
			2. 식품의 가공 및 저장	1. 식품의 가공 및 저장의 기초 2. 식재료별 가공 및 저장 3. 유전자재조합 및 방사선 조사식품
		3. 급식 및 외식 경영관리	1. 메뉴관리	1. 식품군 및 식사구성안 2. 레시피 작성 3. 메뉴 분석 및 개발
			2. 원가관리 3. 식품 구매 및 검수 관리	
			4. 작업관리	1. 원가의 개념 2. 원가분석 및 계산 3. 식품의 구매 및 검수관리 4. 식품출납관리 5. 작업장의 동선관리 6. 작업장의 안전관리 7. 설비 및 조리기기 관리 8. 인력관리
공중보건학	20	1. 공중보건	1. 공중보건의 개념 2. 환경위생 및 환경 오염	1. 공중보건의 개념 1. 일광 2. 공기 및 대기오염 3. 상하수도, 오물처리 및 수질오염 4. 소음 및 진동 5. 구충구서
			3. 산업보건 4. 역학 및 감염병관리	1. 산업보건의 개념과 직업병관리 1. 역학 일반 2. 급만성감염병관리
			5. 보건관리	1. 보건행정 2. 인구와 보건 3. 보건영양 4. 모자보건, 성인 및 노인보건 5. 학교보건

출제기준(실기)

직무 분야	음식 서비스	중직무 분야	조리	자격 종목	조리산업기사(양식)	적용 기간	2016. 1. 1 ~ 2018. 12. 31

○직무내용 : 양식조리부분에 배속되어 제공될 음식에 대한 계획을 세우고 조리할 재료를 선정, 구입, 검수, 보관 및 저장하며 맛, 영양, 위생적인 음식을 조리하고 조리 기구 및 시설 관리를 유지하며 급식 및 외식경영을 수행하는 직무
○수행준거 : 1. 양식의 고유한 형태와 맛을 표현할 수 있고 메뉴개발을 할 수 있다.
        2. 식재료의 특성을 이해하고 용도에 맞게 손질할 수 있다.
        3. 레시피를 정확하게 숙지하고 적절한 도구 및 기구를 사용할 수 있다.
        4. 조리기술을 능숙하게 할 수 있다.
        5. 위생적인 조리와 정리정돈을 잘 할 수 있다.

실기검정방법	작업형	시험시간	2시간 정도

실기과목명	주요항목	세부항목	세세항목
양식조리 실무	1. 기초조리작업	1. 식재료 식별하기 2. 식재료 기초 손질 및 모양썰기	1. 식재료의 상태를 식별할 수 있다. 1. 식재료를 각 음식의 형태와 특징에 따라 분류하고 손질할 수 있다.
	2. 음식에 따른 조리 작업	1. 스톡 조리하기	1. 주어진 재료를 사용하여 조리준비, 과정, 완성까지 요구사항에 맞는 스톡을 완성할 수 있다.
		2. 소스 조리하기	1. 주어진 재료를 사용하여 조리준비, 과정, 완성까지 요구사항에 맞는 소스를 완성할 수 있다.
		3. 수프 조리하기	1. 주어진 재료를 사용하여 조리준비, 과정, 완성까지 요구사항에 맞는 수프를 완성할 수 있다.
		4. 전채요리 조리하기	1. 주어진 재료를 사용하여 조리준비, 과정, 완성까지 요구사항에 맞는 전채요리를 완성할 수 있다.
		5. 샐러드 조리하기	1. 주어진 재료를 사용하여 조리준비, 과정, 완성까지 요구사항에 맞는 샐러드요리를 완성할 수 있다.
		6. 어패류 요리 조리하기	1. 주어진 재료를 사용하여 조리준비, 과정, 완성까지 요구사항에 맞는 어패류요리를 완성할 수 있다.
		7. 육류요리 조리하기	1. 주어진 재료를 사용하여 조리준비, 과정, 완성까지 요구사항에 맞는 육류요리를 완성할 수 있다.
		8. 면류(파스타) 조리하기	1. 주어진 재료를 사용하여 조리준비, 과정, 완성까지 요구사항에 맞는 파스타요리를 완성할 수 있다.

실기과목명	주요항목	세부항목	세세항목
	2. 음식에 따른 조리 작업	9. 달걀요리 조리하기	1. 주어진 재료를 사용하여 조리준비, 과정, 완성까지 요구사항에 맞는 달걀요리를 완성할 수 있다.
		10. 채소류 요리 조리하기	1. 주어진 재료를 사용하여 조리준비, 과정, 완성까지 요구사항에 맞는 채소류요리를 완성할 수 있다.
		11. 쌀요리 조리하기	1. 주어진 재료를 사용하여 조리준비, 과정, 완성까지 요구사항에 맞는 쌀요리를 완성할 수 있다.
		12. 후식 조리하기	1. 주어진 재료를 사용하여 조리준비, 과정, 완성까지 요구사항에 맞는 후식요리를 완성할 수 있다.
	3. 테이블세팅	1. 테이블세팅하기	1. 테이블에 테이블 웨어(ware)를 사용하여 테이블 세팅을 할 수 있다. 2. 테이블 끝에서 1인치 정도의 위치에 접시를 놓고 왼쪽에 빵접시를 놓을 수 있다. 3. 커틀러리(cutlery)와 글라스, 냅킨을 정해진 위치에 놓을 수 있다.
	4. 조리작업관리	1. 조리작업관리하기	1. 조리 기본지식과 기본 조리방법을 알고 조리 준비 작업을 할 수 있다. 2. 각종 요리의 특징을 알고 기본 조리방법에 의해 조리를 할 수 있다. 3. 주요리와 어울리는 곁들임과 소스 등을 조리할 수 있다. 4. 식사의 기본 요소에 대하여 알고, 요리의 특징에 맞는 서비스 온도, 서비스 시간 등을 잘 할 수 있다.
		2. 조리작업, 위생관리하기	1. 조리복·위생모 착용, 개인위생 및 청결상태를 유지할 수 있다. 2. 식재료를 청결하게 취급하며 전 과정을 위생적으로 정리정돈하고 조리할 수 있다.

3. 써는 방법

서양조리에 사용되는 써는 방법에 대한 용어는 다른 조리용어와 마찬가지로 영어와 불어가 혼동되어 사용되고 있으며, 써는 용어에 대한 지식이 있어야 Recipe를 정확하게 읽을 수 있고 훌륭한 조리를 할 수 있을 것이다.

(1) 저미기(Slicing)

저미기는 슬라이스(Slice) 혹은 에멩세(Emencer)라고 한다. 써는 각도에 따라 Rodelles(둥글게 얇게 썰기)와 Diagonals(어슷썰기)로 나눈다.

껍질을 벗긴 다음 도마 위에 재료를 놓고 수평으로 얇게 썬다.

▲ Rodelles

▲ Diagonals

(2) 다지기(Chopping)

다지기란 일정한 모양을 내면서 크게 썰거나 모양을 내지 않고 잘게 써는 것, Coarse와 같이 일정한 모양을 내지 않고 자르는 것이 있다.

▲ Coarse Chopping

▲ 파슬리 다지기

▲ 양파 다지기

(3) 채썰기(Cutting Stickes)와 주사위 썰기(Dicing)

주사위 썰기를 하기 위해서는 채썰기를 먼저 해야 한다.

이러한 썰기는 보통 장식으로 사용할 때 사용하며 정확한 모양으로 썰어야 한다.

① 쉬포나드(Chiffonade)

주로 잎채소를 최대한 얇게 써는 방법이다.

② 줄리엔과 브루노아즈(Julienne & Brunoise)

Julienne은 당근이나 오이 등을 얇게 채써는 것으로 0.3×0.3×5㎝로 써는 방법이며 이것을 다시 옆으로 썰면 Brunoise가 된다.

③ 바토네와 스몰다이스(Batonnet & Small Dice)

Batonnet는 0.6×0.6×5~6㎝의 막대썰기를 말한다. 이것을 다시 옆으로 썰면 Small Dice 크기가 된다.

④ 마세도앙(Macedoine[Mas-eh DWAHN])

주로 여러 색의 과일류를 1×1×1㎝ 크기의 주사위모양으로 써는 것을 말한다.

⑤ 큐브(Cube)

과일류나 치즈를 1.5×1.5×1.5㎝ 크기의 주사위모양으로 써는 것을 말한다.

⑥ 페이잔느(Paysanne)

1×1×1~2㎜ 크기의 얇은 정사각형이나 정마름모형으로 주로 수프의 곁들임 채소로 이용한다.

⑦ 모양내어 써는 것

투르너(Tourner) : 돌려깎는다는 의미의 프랑스어로 길이 5㎝로 양쪽 끝을 자른 뒤 축구공처럼 자르는 것

파리지앵

- 올리베트(Olivette) : 올리브 모양내기
- 파리지앵(Parisienne) : 둥근 구슬 모양내기로 도구를 이용하여 채소를 파낸다.
- 캐롯 비시(Carrot Vichy) : 주로 당근을 3~4㎜ 두께로 둥글게 썰어 가장자리를 도려낸다.
- 웨지(Wedge) : 둥근 식품을 1/4 이상 자르는 것

4. 기본 조리방법

식품은 열을 가함으로써 병원균, 부패균, 기생충알 등을 살균하여 안전성을 부여하고 식품의 조직이 연화되며 분해 등으로 소화성이 증대된다. 또한 불미성분이 제거되고 각종 조미료, 향신료, 지미성분의 침투로 풍미를 증가시키는 효과가 있다. 그러나 가열조리 시에는 적정온도에서 적정시간 동안 끓여야 한다. 지나치게 끓이면 영양의 손실과 풍미가 저하된다. 그러므로 각 식품의 특성에 맞는 가열방법을 알아야 한다. 식품의 조리는 공기, 기름, 물, 증기라는 매개체에 의해 열이 전달됨으로써 이루어진다. 이러한 열의 전달방법은 크게 열의 매개체가 물과 증기인 습열조리법과 건열조리법으로 나눈다.

1) 습열조리법(Moist Heat Cooking Method)

주로 조리 준비단계에 사용하는 조리방법이다.

(1) 삶기

⑦ Poaching

식품을 액체에 담가 71~82℃의 낮은 온도에서 익히는 조리방법이다. 수면이 약간 움직이는 정도로 방울이 전혀 생기지 않는 상태이다.

Poaching하는 방법은 처음에는 끓는 온도까지 액체의 온도를 높였다가 원하는 온도로 낮추어 조리하여야 한다.

이용 생선이나 달걀 등의 질기지 않은 식재료를 부드럽게 익힐 때 사용한다.

⑷ Simmering

식재료를 액체의 열을 통해 익히는 것으로 액체의 온도가 Poaching보다 약간 높은 85~96℃에서 익히는 방법이다. 수면이 약간 움직이고 몇 개의 방울이 터지는 정도이며 이 온도에서는 맛 국물이 잘 우러나오고 액체 속의 풍미가 음식에 잘 전달된다.

이용 스톡을 끓일 때나 스튜를 만들 때 사용하는 조리법이다.

⒟ Boiling

액체의 대류에 의해 조리하는 방법으로 습열조리법의 대표적인 방법이며 주로 준비단계에 사용하며 100℃ 이상을 유지한다. 즉 계속해서 수면이 보글보글 거품이 퍼지는 상태이다.

(2) 데치기(Blanching)

데치는 방법은 두 가지로 나눌 수 있다.

㈎ 찬물에 데치는 방법

찬물에 식품을 넣어 끓어오르면 건져내어 찬물에 식히는 방법이다.

이용 고기류나 뼈의 피, 불순물을 제거하기 위하여 주로 사용한다.

㈏ 끓는 물에 데치는 방법

물이 끓어오르면 식품을 넣었다 꺼내어 찬물에 식히는 방법이다.

이용 1. 녹색채소의 색소를 안정화시켜 채소 속 효소의 작용을 정지시키기 위해 이용한다. 시금치, 근대, 아욱과 같은 채소는 수산(Oxalic Acid)이 많으므로 데칠 때 뚜껑을 열고 데쳐 수산을 용출시켜야 한다.
2. 토마토, 복숭아 등의 껍질을 벗기기 위하여
3. 소뼈의 핏물을 제거하기 위해 찬물에 데치거나 뜨거운 물에 데친다. 뜨거운 물에 데칠 경우 세포막이 열리지 않으므로 맛을 보존할 수 있다(스톡을 끓일 때 뼈의 핏물을 제거하기 위해 이용한다).

(3) 찌기(Steaming)

물을 끓여 증기로 식품을 익히는 조리법이다.

식품 고유의 맛과 모양은 그대로 유지되며 맛이나 영양성분의 손실이 비교적 적다. 그러나 간접적인 가열이므로 연료와 시간이 다소 많이 소비된다.

이용 생선, 채소류를 찔 때

2) 건열조리법(Dry-heat Cooking Method)

(1) 굽기(Grilling)

물을 이용하지 않고 식재료에 열을 가하여 조리하는 것을 말하며 석쇠에 얹어 굽거나 꼬챙이에 꽂아서 굽는 방법으로 식품 자체의 맛을 살릴 수 있다. 육류는 줄무늬가 나도록 굽는다.

특징

굽는 동안 음식의 맛을 내는 단백질은 응고되면서 수분을 침출시키고 동시에 세포는 열을 받아 익으므로 식품이 연화된다. 또한 지방은 분해되어 식품의 표면을 둘러싸면서 부드러운 맛을 주며 당질은 캐러멜화되어 풍미를 더해준다.

주의점

구이는 온도조절에 특히 신경을 써야 한다. 만약 고온인 경우 속은 익지 않은 상태에서 표면이 탈 수도 있고, 저온인 경우 식품의 표면은 마르고 내부는 익지 않아서 즙이 나오므로 맛과 영양소의 손실을 초래할 수 있다.

※ 굽는 방법은 열원이 어디에 있는가에 따라 다음과 같이 구분한다.
- Broiling : 열원이 위에 있어 불 밑에 식품을 넣어 익히는 방법이다.
- Grilling: 열원이 아래에 있으며 직접 불로 굽는 조리법을 말한다.
- Roasting : 통닭 전기구이와 같이 통째로 오븐에서 간접 열로 굽는 방법이다.

(2) 볶기(Sauteing)

Saute라는 말은 팬에 적은 양의 음식을 넣고 기름을 넣어 흔들어 가면서 볶는다는 의미로 튀김과 구이의 중간 조리법이다.

팬을 먼저 충분히 달군 다음 기름이 발연점까지 오르면 식재료를 넣어 조리한다. Grilling과의 차이는 팬을 이용하므로 간접열을 이용한다는 것이다.

특징

기름은 열의 전달매개체로 작용할 뿐만 아니라 식품이 눌어붙는 것을 방지하며 기름의 풍미가 식품에 부가되어 한층 맛을 좋게 한다. 고온에서 단시간 처리하는 조리법이므로 비타민류의 손실이 적고 오히려 지용성 비타민의 이용률을 높여준다.

이용 　감자볶음, 버섯볶음, 고기볶음, 스테이크 굽기

(3) 튀기기(Deef-fat Frying)

튀김은 기름을 열의 매개체로 이용하여 가열하는 조리법이다.

물은 가열하면 100℃ 이상 올라가지 않으나, 유지는 300℃까지 상승하므로 높은 열에서 조리하는 장점이 있다. 보통 150~180℃의 온도를 주로 이용한다. 고온처리법이므로 식품이 빨리 익고 가열시간도 짧아지므로 식품 중의 영양소 파괴가 적다. 특히 채소류의 경우에도 수용성 물질의 용출이 적다.

튀길 때에는 식품을 그대로 튀기는 경우와 튀김옷을 입혀서 튀기는 경우가 있다. 튀김의 적당한 온도와 시간은 식품의 종류, 크기, 튀김옷의 수분함량 및 두께에 따라 다르나 빨리 가열할 필요가 있는 크로켓 같은 것은 고온에서 튀겨내고 생선이나 통닭, 통감자처럼 속까지 익히고자 한다면 비교적 저온에서 튀기는 것이 좋다.

비타민 B군의 손실이 가장 적고 고기의 비린내를 제거할 수 있다.

(4) 오븐 굽기(Baking과 Roasting)

오븐 속 뜨거운 공기의 대류현상을 이용한 간접조리방법이다.

- Baking: 빵, 패스트리, 채소, 생선 등을 구울 때 사용하는 조리법이다.
- Roasting: 고기나 가금류를 덩어리째 구울 때 사용하는 조리법이다.

> 이용 감자를 소금에 묻혀 쿠킹호일에 싼 다음 오븐에 굽는다. 빵이나 케이크를 구울 때 주로 이용한다.

※ Barbecuing한다는 것은 나무를 태워서 생기는 연기를 이용하여 조리하는 방법을 말한다.

3) 혼합조리법(Combination Cooking Method)

건열과 습열조리법을 혼합하여 사용하는 조리법이다. 즉 건열조리법을 이용하여 예비작업을 하고 습열조리법으로 마무리하는 조리법이다.

(1) 조리기(Braising)

덩어리가 큰 재료를 먼저 높은 온도로 구운 다음 육류 내부까지 익히는 조리방법이다. 즉 고기의 육즙이 빠져 나오는 것을 방지한 다음 채소나 소스의 맛이 스며들도록 조리하는 방법이다.

> 이용 바비큐 폭찹과 같이 돼지고기를 바비큐 양념이 스며들도록 조리하는 것

(2) 끓이기(Stewing)

스튜를 끓일 때와 같이 물 속에 재료를 넣어서 가열하는 조리법으로 삶기와 같으나 다른 점은 재료를 미리 볶아서 사용하며 조미료를 사용하여 맛을 내는 것이다. 또한 지미성분을 많이 함유한 식품을 이용하여 지미성분이 우러난 국물도 먹는 조리법이다. 특히 식품 중의 수용성 영양성분이 빠져 나온 국물까지 이용하므로 영양소의 손실이 적다.

주의점

① 찬물에서 은근히 거품을 걷어내며 끓여야 한다.

② 뚜껑을 덮으면 안 된다.

③ 끓이다가 찬물을 첨가하면 안 된다.

4) 극초단파(Microwave) 가열법

극초단파 가열법은 식품 내의 수분을 이용하여 식품 자체 내에 열이 생성되도록 하여 조리하는 가열법으로 조리열원으로 전자레인지를 이용한다. 전자레인지로 음식을 조리할 때에는 조리시간이 짧고 위생적이며 다음과 같은 특징이 있다.

① 음식이 데워져도 그릇은 뜨거워지지 않는다. 그러나 조리시간이 길어지면 데워진 음식의 열이 전도되어 그릇이 뜨거워지기도 한다.

② 열효율이 크고 가열시간이 짧으므로 영양소의 파괴를 줄일 수 있고 식품 천연의 색과 향을 그대로 유지할 수 있다.

③ 조리시간이 짧으므로 전력의 소모가 적고, 갈변현상이 일어나지 않아 식품의 풍미가 없다.

④ 식품 자체 내의 수분을 이용하여 조리하므로 딱딱해지기 쉽다.

조리법의 종류

조리법의 종류		조리방법	조리명
가열조리법	습열조리법	조림국물 또는 물 속에서 가열한다. 가열온도는 100℃	조림, 탕, 전골
		수증기 속에서 가열한다. 가열온도는 100℃, 식품에 따라 85~90℃	찜
	건열조리법	식품을 방사열 또는 금속판의 열로 가열한다. 가열온도는 150~200℃	구이
		적온의 기름 속에서 가열한다. 가열온도는 150~190℃	튀김, 전, 볶음
	극초단파 가열법	식품의 가열온도는 100℃까지	전자레인지에 의한 조리

5. 감자요리의 종류 및 용도

(1) 리오네이즈 포테이토(Lyonnaise potato)

① 감자는 껍질을 제거한 후, 반으로 잘라 둥근 모양으로 만든다.

② ①의 감자는 두께 0.3cm 크기로 썰어 끓는 물에 삶는다.

③ 베이컨은 스몰 다이스(Small Dice)로 썰고, 양파는 슬라이스한다.

④ 팬에 버터를 녹여 베이컨, 양파, 감자 순으로 색이 나게 볶아준 후 소금, 후추로 양념한다.

(2) 베이크드 포테이토(Baked potato)

통감자를 껍질째 씻은 다음 은박지를 감자를 싼 후 230~250℃ 오븐에서 서서히 익힌다. 서브 시 십자로 칼집을 내어 버터나 사워크림을 얹어 제공한다.

이용 육류요리에 사용한다.

(3) 윌리암 포테이토(William potato)

감자를 통째로 익혀 껍질을 제거한 다음 으깬다. 달걀노른자, 소금, 후추를 감미하여 서양배 모양으로 만든 다음 밀가루, 달걀, 빵가루 순으로 묻혀 튀긴다.

이용 육류요리에 사용한다.

(4) 스킨 포테이토(Skin potato)

감자를 통째로 삶은 후 반으로 자른다. 감자 속을 둥글게 파낸 다음 껍질은 튀기고, 속은 버터, 소금, 후추, 육두구(netmeg), 베이컨 튀겨 다진 것, 차이브 등으로 섞어서 둥글게 파낸 곳을 채운 후 파르메산(파마산) 치즈와 파프리카를 뿌려 색을 낸다.

(5) 안나 포테이토(Anna potato)

감자 껍질을 벗기고 원통으로 다듬어 얇게(2㎜) 정도 썰어 팬에서 반쯤 익힌다. 형틀에서 감자를 겹겹으로 쌓으면서 모양을 원형으로 만든다. 오븐에서 완전 익혀 형틀을 제거한 후 완성한다.

[이용] 육류요리에 많이 사용한다.

(6) 플란 포테이토(Flans potato)

① 감자는 껍질을 벗겨 찬물에 담근다.
② 감자를 삶은 다음 퓌레를 만들어 버터, 넛멕, 달걀, 소금, 후추, 파슬리가루, 크림을 넣어 준비해 둔다.
③ 몰드에 버터를 바르고, 1을 채워 오븐에서 구워준다.

6. 스톡과 소스

1) Stock

(1) 스톡의 종류

White Stock (Fond Blanc)	Beef Stock	Bone : Beef, Veal, Chicken Mirepoix : Onion, Carrot, Celery Aromatics : Bay Leaf, Thyme, Peppercorns, Parsley Stem, Whole Clove
	Veal Stock	
	Chicken Stock	
Fish Stock (Fumet de Poission)	Fish Stock	Bone : Fish Mirepoix : Onion, Celery, Carrot Aromatics : Bay Leaf, Thyme, Peppercorns, Parsley Stem, Whole Clove
Brown Stock (Fond Brun)	Brown Stock	Bone : Beef or Veal Mirepoix : Onion, Celery, Carrot Aromatics : Bay Leaf, Thyme, Peppercorns, Parsley Stem, Whole Clove

(가) White Stock

품질 : 풍미(Good Flavor), 맑음(Good Clarify), 젤라틴 함량(Good Gelatin)
재료 : 소(Beef), 송아지(Veal), 닭(Chicken), 생선(Fish)의 뼈(Bone)

ㄱ) 끓이는 시간

- 소나 송아지 뼈 : 6~8시간
- 닭뼈 : 3~4시간
- 생선뼈 : 30~45분

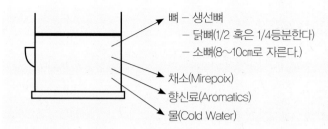

뼈 - 생선뼈
- 닭뼈(1/2 혹은 1/4등분한다)
- 소뼈(8~10cm로 자른다.)
채소(Mirepoix)
향신료(Aromatics)
물(Cold Water)

White Stock (2L)

재료	분량	준비작업
뼈: 닭, 소(Bones : Chicken, Beef)	1kg	찬물에 담갔다가 데친다.
찬물(Cold Water)	6ℓ	
향신채소(Mirepoix)		
양파(Onion)	100g	2~3cm로 썰어 놓는다.
당근(Carrot)	50g	(닭뼈의 경우에는 더 작게 자른다.)
셀러리(Celery)	50g	
향신료		소창에 싸서 준비한다.
월계수 잎(Bay Leaf)	1	
타임(Thyme)	1	
통후추(Pepper Corn)		
파슬리 줄기(Parsley Stem)		
정향(Clove)		

1. 뼈를 잘라 물에 담갔다가 데쳐낸 뒤 다시 헹군다.
2. 스톡 포트(Stock Pot)에 뼈가 완전히 잠길 만큼 찬물을 붓고 끓어오르면 불을 낮추어 은근히 끓인다.
3. 적정시간 끓인 다음 원뿔체(China Cap)에 거른다.
4. 식힌 다음 냉장고에 보관한다.

※ **뼈의 손질방법**
1. 뼈를 씻어 물에 담가 핏물을 뺀다.
2. 다시 뼈의 불순물을 제거하기 위하여 2가지 방법이 사용된다.
   - 찬물에 데친다 : 뼈가 잠기도록 물을 부은 다음 끓기 시작하면 물을 버린다.
   - 뜨거운 물에 데친다 : 물이 끓을 때 뼈를 넣어 살짝 데친다.

⒁ Brown Stock

품질 : 풍미(Good Flavor), 짙은 갈색(Rich Dark Brown Color), 젤라틴 함량(Good Gelatin)
재료 : 닭, 소, 송아지, 야생동물(사슴, 멧돼지 등)의 뼈, Tomato 가공품

소뼈, 송아지뼈(8~10cm로 잘라 오븐에 갈색이 나도록 굽는다)

채소(Mirepoix : 갈색이 나도록 굽는다)

토마토 혹은 토마토 가공품(Tomato or Tomato Puree)

향신료 주머니(Spice Bag)

물(Cold Water)

Brown Stock (2L)

재료	분량	준비작업
소, 송아지뼈(Beef, Veal Bone)	1kg	8~10cm로 자른다.
찬물(Cold Water)	6ℓ	
향신채소(Mirepoix)		
양파(Onion)	100g	3~5cm씩 잘라 오븐에 갈색이 나도록 굽는다.
당근(Carrot)	50g	
셀러리(Celery)	50g	
토마토 혹은 가공품(Tomato or Tomato Puree)		
향신료	100g	소창에 싸서 준비한다.
월계수 잎(Bay Leaf)		
타임(Thyme)		
통후추(Pepper Corn)		
파슬리 줄기(Parsley Stem)		
정향(Clove)		

1. 뼈를 200℃ 오븐에 갈색이 나도록 잘 굽는다.
2. 뼈를 들어내어 스톡 포트에 담고 뼈가 충분히 잠기도록 찬물을 부은 다음 끓인다. 끓어 오르면 불을 조절하여 은근한 중불로 끓인다.
3. 뼈를 들어낸 팬의 기름을 따라내고 데글라이즈(Deglaze)한 다음 스톡에 넣는다.
4. 팬의 기름을 이용하여 채소를 갈색이 나도록 구운 다음 스톡에 향신료 주머니, 토마토와 함께 넣어 끓인다(6~8시간).
5. 계속해서 끓이면서 떠오르는 찌꺼기를 건져낸다.
6. 잘 식혀 냉장고에 보관한다.

※ **뼈를 갈색으로 굽는 방법**(Caramelizing Bone)

1. 뼈를 씻지 말고 Roasting Pan에 일렬로 가지런히 놓는다(겹치지 않도록 한다).
2. 190~210℃의 오븐에 1시간 정도 구워 갈색을 낸다. 한 번씩 뒤집어서 골고루 색이 나와야 한다.
3. 갈색이 나면 스톡 포트에 옮겨 담고 팬에 남아 있는 육즙을 데글라이즈한다.

※ **채소를 갈색으로 볶는 방법**(Caramelizing Mirepoix)

• Roasting Pan이나 Saute Pan을 이용하여 뼈를 굽고 생긴 기름을 넣고 채소가 갈색이 나도록 볶는다.

※ **데글라이즈란**

• 고기나 뼈를 굽고 남은 육즙과 캐러멜 색을 우려내기 위하여 액체를 넣어 끓이는 방법

⒟ Fish Stock

Fish Stock은 White Stock과 끓이는 법은 같으나 백포도주와 레몬을 첨가한다.

> 품질 : 풍미(Good Flavor), 젤라틴 함량(Good Gelatin)
> 재료 : 생선뼈(지방함량이 적은 가자미, 넙치, 대구 등의 Lean Fish류의 생선뼈를
> 사용한다)

주의점
① 생선뼈를 잘 씻고 데치면 안 된다(지미성분이 없어진다).
② 생선뼈의 지미성분은 빨리 우러나기 때문에 첨가되는 Mirepoix나 향신료를 잘게 썰거나 으깨
어 사용한다.

ㄱ) 끓이는 시간

- 30~45분

소뼈, 송아지뼈(8~10cm로 잘라 오븐에 갈색이
나도록 굽는다)
채소(Mirepoix : 갈색이 나도록 굽는다)
토마토 혹은 토마토 가공품(Tomato or Tomato Puree)
향신료 주머니(Spice Bag)
물(Cold Water)

Fish Stock   (700mL)

재료	분량	준비작업
버터(Butter)	5g	잘게 썰어 놓는다.
향신채소(Mirepoix)		
양파(Onion)	20g	
파(Leek)	10g	
셀러리(Celery)	10g	
흰 살 생선의 뼈(Lean Fish Bones)	500g	물에 담가둔다.
찬물(Cold Water)	1ℓ	
레몬(Lemon)		
향신료		
월계수 잎(Bay Leaf)		
통후추(Pepper Corn)		
파슬리 줄기(Parsley Stem)		

1. 스톡 포트에 버터를 넣고 채소와 뼈를 살짝 볶은 다음 Wine을 넣는다.
2. 물을 넣고 향신료를 넣은 다음 30~45분간 끓인다.
3. 잘 식혀 보관한다.
※ 생선뼈는 오래 끓이지 않아야 하므로 모든 재료는 잘게 썬다.

2) Sauce

(1) Sauce의 개요

소스의 어원은 라틴어의 'Sal'에서 유래하였으며 소금을 의미하는 말이다. 그 근본 역할은 요리의 풍미를 더해주는 데 있으며 부드러운 감촉, 영양을 보충하는 의미, 외관 등에 효과를 주고 있어 서양요리의 생명은 바로 소스에 의하여 결정된다 해도 과언이 아닐 것이다.

소스의 종류는 수백 종에 이르나 기본적으로 색깔별로 Bechamel(흰색), Veloute (황갈색), Espagnole(갈색), Tomato(붉은색), Hollandaise(노란색) 등 5가지 모체소스로 나눌 수 있으며 여러 가지 부재료에 따라 다양한 파생소스가 나온다. 이러한 모든 소스의 종류를 기억한다는 것은 불가능하므로 기본 모체소스를 잘 익힘으로써 자기 나름대로의 파생소스를 개발할 수 있을 것이다.

소스의 질은 적당한 농도, 풍미, 광택, 색채, 영양 등의 모든 요소가 조화를 잘 이루어야 한다.

소스의 기본 재료는 스톡(혹은 다른 액체), 농후제(Thickening Agent), 향신료 (Aromatics)이며 질이 좋은 소스를 만들기 위해서는 아래 조건을 충족하여야 한다.

① 질 좋은 Stock(홀랜다이즈 소스인 경우 질 좋은 버터)을 사용한다.

② 원하는 질감, 풍미, 외관을 얻기 위해 적합한 농후제를 사용한다.

③ 원하는 풍미를 가지기 위해 적당한 향신료를 사용한다.

(2) 모체소스의 분류

색	Mother Sauce (모체소스)		액체 (Stock이나 주재료)	농후제 (Thickening Agent)
흰 색	Bechamel Sauce		Milk	White Roux
황갈색	Veloute Sauce	Chicken Veloute	Chicken Stock	Blond Roux
		Fish Veloute	Fish Stock	
		Veal Veloute	Veal Stock	
갈 색	Brown Sauce or Espagnole Sauce		Brown Stock	Brown Roux
붉은색	Tomato Sauce		Tomato + Stock	Roux(요리에 따라 다르다)
노란색	Hollandaise Sauce		Clarified Butter	Egg Yolk

(3) 파생소스의 분류

기본 모체소스는 실제로 그 자체로는 사용되지 않고 다른 소스의 기본으로서의 역할이 더 중요하다.

모체소스를 이용한 파생소스의 종류는 다음 표와 같다.

파생소스의 분류

기본재료	모체소스	2차 소스	파생소스

White Sauce(흰색 소스)

Milk → Bechamel →
- Cream
- Mornay
- Cheddar
- Nantau
- Soubise
- Mustard

Blond Sauce(황갈색 소스)

White Veal Stock → Veal Veloute / Allemande →
- Poulette
- Aurora
- Hungarian
- Curry

Chicken Stock → Chicken Veloute → Supreme →
- Mushroom
- Bercy
- Hungarian
- Curry

Fish Stock → Fish Veloute → White Wine Sauce →
- Normande
- Bercy
- Mushroom
- Herb

Brown Sauce(갈색 소스)

Brown Stock → Espagnole → Demiglaze
→ Fond Lie → Demiglaze
→ Demiglaze
- Bordelaise
- Robert
- Charcutiere
- Chasseur
- Brown Stock Espagnole
- Demiglaze Deviled(Diable)
- Lyonnaise
- Madeira
- Perigueux
- Piquante
- Mushroom
- Bercy

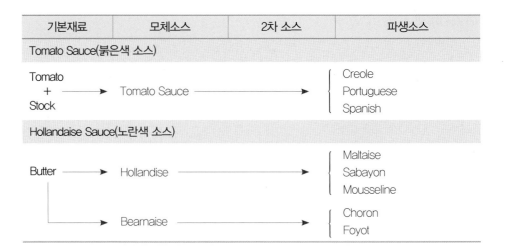

기본재료	모체소스	2차 소스	파생소스
Tomato Sauce(붉은색 소스)			
Tomato + Stock → Tomato Sauce →			Creole Portuguese Spanish
Hollandaise Sauce(노란색 소스)			
Butter → Hollandise →			Maltaise Sabayon Mousseline
Bearnaise →			Choron Foyot

(가) 흰색 소스(Bechamel Sauce)

베샤멜소스는 화이트루에 우유를 넣어 만든 모체소스이다. 이 소스는 루이 14세의 요리장인 베샤멜(Vouis de Bechamel : 1630~1703)이 창안해 낸 소스이다.

Bechamel Sauce (4L)

재료	분량	준비작업
정제버터(Clarified butter) 밀가루(Flour) 우유(Milk) 양파(Onion) 정향(Clove) 소금(Salt) 흰 후추(White Pepper)	250g 250g 4ℓ 1개 1개	정제버터에 밀가루를 넣어 White Roux 를 만든다. 따뜻하게 데워 놓는다. 양파에 정향을 꽂는다.

1. 화이트루에 우유를 넣으면서 잘 저어준다.
2. 양파에 정향을 꽂아 은근하게 끓인다.
3. 소창에 거른 다음 다시 소스팬에 적당한 농도가 되도록 조린다.

Bechamel Sauce의 파생소스

- 크림 소스(Cream Sauce) : 생크림을 따뜻하게 데워 125~250mL 첨가한다.

- 모르네이 소스(Marnay Sauce) : 125g의 그뤼에르(Gruyere) 치즈와 60g의 파마산치즈를 첨가하여 치즈가 녹을 때까지 젓는다. 불을 끄고 버터 60g을 넣고 뜨거운 우유나 스톡으로 농도를 조절한다.

- 체다치즈 소스(Cheddar Cheese Sauce) : 250g 체다치즈, 1/2ts의 겨자, 2ts의 우스터소스를 첨가한다.

- 겨자 소스(Mustard Sauce) : 125g의 양파 잘게 다진 것을 갈색이 나지 않도록 볶은 뒤 소스에 넣어 15분간 끓인다.

- 토마토 슈베즈 소스(Tomato Soubise Sauce) : 1L의 Soubise Sauce에 토마토 퓌레 500mL를 넣는다.
- 낭투아 소스(Nantua Sauce) : 175g의 새우 버터에 125mL의 생크림을 넣는다.

㈏ 황갈색 소스(Veal, Chicken, Fish Veloute Sauce)

벨루테 소스는 화이트 스톡에 블론드 루를 넣어 소스의 색이 황갈색이 되도록 한다.

스톡의 종류에 따라 Veal Veloute, Chicken, Veloute, Fish Veloute로 나누며 2차 소스로는 각각 Allemande Sauce, Supreme Sauce, White Wine Sauce가 된다.

Veloute Sauce (4L)

재료	분량	준비작업
송아지 벨루테(Veal Veloute)	4ℓ	Sauce Pan에 넣어 몇 분간 가볍게 조린다.
리에종(Liaison)		
달걀노른자(Egg Yolk)	8개	
생크림(Heavy Cream)	500㎖	
레몬주스(Lemon Juice)	30㎖	
소금(Salt)		
흰 후추(White Pepper)		

1. 달걀노른자와 생크림을 스테인리스 스틸 볼에 넣어 잘 섞는다.
2. 리에종에 조린 벨루테소스의 약 1/3을 천천히 넣어 저으면서 부드럽게 만든다.
3. 나머지 벨루테소스에 2를 첨가하고 약한 불에서 가볍게 은근히 익히되, 끓이면 안 된다.
4. 레몬주스, 소금, 흰 후추를 넣어 간을 하고 소창으로 짠다.
※ Allemande Sauce는 원래 송아지 벨루테를 사용해야 한다.
　그러나 요즈음은 치킨 벨루테를 많이 사용한다.

Veloute Sauce의 파생소스

Supreme Sauce (4L)

재료	분량	준비작업
닭 벨루테(Chicken Veloute)	4ℓ	Sauce Pan에 벨루테를 넣고 저으면서 끓여 1/4이 되도록 조린다.
생크림(Heavy Cream)	1ℓ	잘게 자른다.
버터(Butter)	125g	
레몬주스(Lemon Juice)	약간	
소금, 흰 후추(Salt, White Pepper)	약간	

1. 스테인리스 스틸 볼에 생크림을 담고 약간의 뜨거운 벨루테소스를 천천히 저으면서 넣어 부드럽게 만든다.
2. 남은 뜨거운 벨루테소스에 1을 넣은 후 약간 끓인다.
3. 버터를 첨가한 다음 소금, 흰 후추, 레몬주스를 약간 넣고 간한 후 소창에 거른다.

(다) 갈색 소스(Brown Sauce : Espagnole Sauce)

Brown Sauce(Sauce Espagnole) (400mL)

재료	분량	준비작업
향신채소(Mirepoix)		1cm Dice로 썬다.
양파(Onion)	500g	
당근(Carrot)	250g	
셀러리(Celery)	250g	
브라운 루(Brown Roux)	250g	
브라운 스톡(Brown Stock)	1ℓ	
토마토 퓌레(Tomato Puree)	100g	
향신료		묶어서 다발로 만든다.
월계수 잎(Bay Leaf)		
타임(Thyme)		
파슬리 줄기(Parsley Stem)		

1. 백포도주 조린 것에 벨루테를 첨가하고 원하는 농도까지 조린다.
2. 뜨거운 우유를 저으면서 천천히 첨가한 뒤 불에서 내려 버터를 첨가한다.
3. 소금, 흰 후추, 레몬주스를 몇 방울 넣어 간을 한다.
4. 소창에 거른다.

Demi-glace (4L)

재료	분량	준비작업
브라운 스톡(Brown Stock)	4ℓ	끓여 놓는다.
갈색 소스(Brown Sauce)	4ℓ	

1. Sauce Pan에 소스와 스톡을 넣고 섞은 다음 반이 되도록 은근히 끓인다.
2. Chinois(눈이 촘촘한 China Cap)나 소창을 깐 China Cap에 거른 다음 막이 생기지 않도록 뚜껑을 덮어 Bain Marie(중탕)에 넣어 따뜻하게 보관한다. 혹은 나중에 사용할 때에는 찬물에 담가 재빨리 식혀 놓는다.

Brown Sauce의 파생소스

- 보들레이즈(Bordelaise) : 드라이 레드와인 250mL, 다진 샬롯 60g, 다진 통후추 1/4ts, 타임 1줄기, 월계수잎 1/2에, 데미글라이즈 1L를 넣고 15~20분간 3/4이 될 때까지 은근히 조린다. 소창에 거른 다음 버터 60g을 넣고 젓는다.

- 마샹 드뱅(Marchand de Vin : Wine Merchant) : 레드와인 200mL에 다진 샬롯 60g을 넣고 3/4까지 조린다. 데미글라이즈 1L를 넣고 은근하게 조린 뒤에 거른다.

- 로버트(Robert) : 버터를 녹인 다음 다진 양파 125g을 넣고 갈색이 나지 않게 볶는다. 백포도주를 넣고 알코올이 날아갈 때까지 조린다. 데미글라이즈

250mL를 넣고 10분간 은근히 끓인다. 거른 다음 2Ts의 겨자(Dry Mustard)와 약간의 레몬주스에 설탕 약간을 푼 다음 섞는다.

- 샤루티에르(Chareutiere) : Robert Sauce에 피클을 얇게 채 썰어(Julienne) 얹어낸다.

- 샤수르(Chasseur) : 60g의 버터에 얇게 Slice한 버섯 175g과 다진 샬롯 60g을 넣어 볶는다. 백포도주 250mL를 넣고 3/4까지 조린다. 1L의 데미글라이즈와 토마토 콩카세 250g를 넣고 5분간 은근히 끓인 다음 다진 파슬리 2ts을 넣는다.

- 데아블(Diable : Deviled) : 백포도주 250mL, 다진 샬롯 125g, 으깬 통후추 1/2ts를 넣고 2/3까지 조린다. 1L의 데미글라이즈를 넣고 20분간 은근히 조린 다음 카옌을 넣은 다음 거른다.

- 마데이라(Madeira) : 데미글라이즈 1L를 약 100mL가 될 때까지 조린다. Madeira 와인 100mL를 넣는다(포르투갈산 와인).

- 페리고(Perigueux) : Madeira Sauce에 트러플을 얇게 썰어 얹는다.

- 포트와인(Port Wine) : Madeira Sauce와 만드는 방법이 같으나 Madeira Wine 대신에 Port Wine을 넣는다.

- 이탈리안 소스(Italian Sauce) : 버터 60g을 녹인 다음 잘게 다진 버섯 500g과 다진 샬롯 15g을 넣고 수분이 완전히 증발할 때까지 볶는다. 백포도주 250mL를 넣고 반으로 조린다. 토마토 페이스트 30g, 데미글라이즈 1L를 넣고 10분간 은근히 끓인다. 2Ts의 파슬리 다진 것을 첨가한다.

- 양송이(Mushroom) : 버터 60g을 녹인 뒤 Slice한 버섯 250g과 다진 샬롯 30g을 넣어 갈색이 날 때까지 볶는다. 데미글라이즈 1L를 넣고 10분간 은근히 끓인다. 60mL의 Sherry를 넣고 레몬주스 몇 방울을 넣는다.

- 베르시(Bercy) : 백포도주(Dry White Wine) 250mL와 다진 샬롯 125g을 넣고 3/4까지 조린다. 데미글라이즈 1L를 넣고 10분간 은근히 끓인다.

- 피퀀트(Piquant) : 다진 샬롯 125g과 와인 비네가 125mL, 백포도주 125mL를 넣은 다음 2/3까지 조린다. 1L의 데미글라이즈를 넣고 은근하게 끓여 가볍게 조린다. 케이퍼 60g, 피클 Brunoise로 썬 것 60g, 다진 파슬리 15mL, 타라곤 1/2ts을 첨가한다.

- 리요네즈(Lyonnaise) : 60g의 버터에 다진 양파 125g을 넣어 옅은 갈색이 나도록 볶는다. 125mL의 화이트와인 비네가를 넣고 절반이 되도록 조린다. 데미글라이즈 1L를 넣고 10분간 은근하게 조린다.

⑷ 붉은색 소스(Tomato Sauce)

Tomato Sauce 1 (4L)

재료	분량	준비작업
베이컨 혹은 돼지기름(Bacon or Pork Oil)	125g	
버터(Butter)	60g	
양파(Onion)	125g	
당근(Carrot)	60g	
셀러리(Celery)	60g	
박력분(Cake Flour)	125g	
화이트 스톡(White Stock)	2ℓ	
토마토 캔(Tomato Can)	2ℓ	
토마토 퓌레(Tomato Puree)	2ℓ	
향신료 주머니(Spice Bag)		
월계수 잎(Bay Leaf)	1장	
마늘(Garlic)	2쪽	
타임(Thyme)	1/4ts	
정향(Clove)	1개	
통후추(Pepper Corn)	1/2ts	
소금(Salt)	약간	
설탕(Sugar)	2Ts	

1. 버터를 넣고 베이컨을 넣은 다음 부드러워 질 때까지 볶는다.
2. 양파, 당근, 셀러리를 넣고 부드러워질 때까지 볶는다.
3. 스톡을 저으면서 천천히 넣고 끓인다. 토마토와 토마토 퓌레를 넣고 다시 끓인다.
4. 불을 약하게 하여 향신료를 넣는다.
5. 1시간 30분 동안 약한 불에 끓여 농도를 조절한다.
6. 향신료를 제거하고 Food Mill로 간 다음 소금, 설탕으로 간한다.

Tomato Sauce 2 (4L)

재료	분량	준비작업
베이컨(Bacon)	125g	
양파(Onion)	250g	
당근(Carrot)	250g	
토마토 캔(Tomato Can)	4ℓ	
토마토 퓌레(Tomato Puree)	2ℓ	
돼지뼈(Pork Bone)	500g	갈색으로 굽는다.
향신료 주머니(Spice Bag)		
월계수 잎(Bay Leaf)	2쪽	
마늘(Garlic)	1장	
타임(Thyme)	1/4ts	
로즈마리(Rosemary)	1/4ts	
통후추(Pepper Corn)	1/4ts	

1. 밑이 두꺼운 포트에 베이컨을 넣고 부드러워질 때까지 볶는다.
2. 양파와 당근을 첨가하고 부드러워질 때까지 볶는다.
3. 토마토, 토마토 퓌레, 돼지뼈, 향신료 주머니를 넣고 끓인 다음 약한 불로 1시간 30분에서 2시간 정도 끓여 원하는 농도로 조린 뒤 향신료 주머니와 뼈를 제거한 뒤 Food Mill로 간다.
4. 소금과 설탕을 조금 넣어 간한다.

※ 토마토 소스 1ℓ에 아래 재료를 섞으면 다음과 같은 파생소스가 된다.
① Portugaise(Portuguese) : 30㎖의 기름에 125g의 양파를 Brounoise로 썰어 넣고 볶는다. 500g 토마토 콩카세와 1ts의 다진 마늘을 넣고 약 1/3이 되도록 조린다. 토마토 소스 1ℓ를 넣고 간을 한 다음 2~4Ts의 다진 파슬리를 첨가한다.
② Spanish : 오일에 양파 175g, 푸른 고추 125g, 마늘을 Small Dice로 썰어 가볍게 볶는다. 얇게 Slice한 버섯 125g을 첨가하여 볶는다. 토마토 소스 1ℓ를 넣고 소금, 후추, 핫소스를 넣어 간을 한다.
③ Creole : Small Dice로 썬 양파 125g, Slice한 셀러리 125g, 푸른 고추 60g, 다진 마늘 1ts을 기름에 볶는다. 토마토 소스 1ℓ에 월계수 잎 1장, 타임 1줄기, 간 레몬 1/2ts을 넣고 15분간 은근히 끓인다. 월계수 잎을 제거하고 소금, 후추, 카옌으로 양념한다.

Tomato Sauce 3
24인분(1인분 : 125g)

재료	분량	준비작업
올리브 오일(Olive Oil)	500㎖	
양파(Onion)	225g	잘게 다진다.
당근(Carrot)	225g	잘게 다진다.
셀러리(Celery)	225g	잘게 다진다.
토마토 홀(Whole Tomato)	10ℓ	
마늘(Garlic)	2쪽	잘게 다진다.
소금(Salt)	1Ts	
설탕(Sugar)	1Ts	

1. 큰 Sauce Pot에 올리브 오일을 넣어 뜨거워지면 양파, 당근, 셀러리를 넣어 몇 분간은 가볍게 볶는다. 갈색이 나지 않도록 한다.
2. 남은 재료를 넣고 약 45분간 뚜껑을 덮지 않고 은근히 끓인다.
3. Food Mill로 간 다음 양념한다.

(마) 노란색 소스(Hollandaise Sauce)

Hollandaise Sauce (1.5L)

재료	분량	준비작업
달걀 노른자(Egg Yolk)	12개	
정제버터(Clarified Butter)	1,125g	정제하여 따뜻하게 둔다(정제하면 900g).
레몬주스(Lemon Juice)	2Ts	
포도 식초(Wine Vinegar)	100㎖	
검은 후추(Black Pepper)	1/4Ts	으깬다.
찬물(Cold Water)	60㎖	
소금(Salt)	1/4Ts	

1. 스테인리스 스틸 볼에 달걀노른자와 식초, 후추, 샬롯, 월계수잎을 넣고 끓여서 만든 즙을 넣고 끓는 물 위에서 거품기로 잘 저으면서 익힌다.
2. 흘러내리지 않을 정도로 익으면 되는데 이러한 상태를 사바용(Sabayon)이라 부른다.
3. 사바용상태가 되면 불에서 내려놓는다.
4. 정제버터를 조금씩 넣으면서 젓는다.
5. 레몬주스, 소금 등으로 양념한다.

Hollandaise Sauce는 달걀노른자의 유화성을 이용한 소스로써 초보자들은 만들기 어려운 점이 있다. 그러나 다음과 같은 점에 유의하면 쉽게 만들 수 있다.

① 달걀노른자에 조린 물을 첨가할 때는 충분히 식혀서 넣는다.

② 달걀노른자의 유화성을 높이기 위해서는 신선한 달걀일수록 좋다.

③ 달걀노른자를 중탕하면서 거품을 낸다.

④ 스테인리스 스틸 제품의 아래가 둥근 볼을 사용해야 거품이 잘 일고 소스의 색이 변하지 않는다.

⑤ 버터를 따뜻한 상태로 유지하여야 한다.

⑥ 처음에는 천천히 조금씩 버터를 첨가하여야 한다.

⑦ 적당량의 버터를 첨가하여야 한다.

달걀노른자 6개에 정제버터 450~550g이 표준이다.

Hollandaise Sauce의 파생소스

- Maltaise : Hollandaise 소스에 오렌지주스 60~125mL와 갈아놓은 오렌지 100mL를 넣고 아스파라거스와 함께 낸다.

- Mousseline: 생크림 250mL를 Whisk로 쳐서 뻑뻑해지면 Hollandaise 1L를 넣고 젓는다.

Butter Sauce

Hollandaise Sauce와 비슷한 소스인 Bearnais Sauce는 앞의 우유나 물을 사용하는 소스와 다르게 버터를 사용하므로 먼저 소스에 사용되는 버터의 준비방법을 알아보기로 한다.

- 녹인 버터(Melted Butter) : 가장 간단한 버터 준비작업으로 버터를 녹여 사용한다. 무염이나 가당 버터가 가장 신선하므로 모든 소스의 기본으로 사용된다.
- 정제버터(Clarified Butter) : 주로 볶을 때 사용한다. 유·고형분이 제거되었기 때문에 강한 불에도 쉽게 타지 않는다.
- 혼합버터(Compound Butter) : 버터를 크림상태로 만든 다음 여러 가지 재료를 섞어 기름종이에 둥글게 말아 단단하게 만든다. 혼합버터는 두 가지 용도로 주로 사용되는데 첫 번째는 뜨거운 음식 위에 단단한 버터 한 조각을 얹어 버터가 녹으면서 소스가 되도록 하는 것이다. 두 번째는 소스에 적은 양의 버터를 넣어 풍미를 향상시키기 위한 것이다.

스테이크에 가장 많이 사용되는 버터는 Maitre d'Hodel Butter이다.

Maired' Hotel Butter (약 300g)

재료	분량	준비작업
버터(Butter)	500g	다진다.
파슬리(Parsley)	1/4C	
레몬주스(Lemon Juice)	50㎖	
흰 후추(White Pepper)	약간	

1. 버터를 크림상태로 만든다.
2. 나머지 재료를 넣고 완전히 섞어 잘 젓는다.
3. $2\frac{1}{2}$에 지름의 유선지를 이용하여 둥글게 만 다음 단단해질 동안 냉장고에 넣어 굳힌다.
4. 0.5㎝ 크기로 잘라서 내기 직전에 스테이크 위에 얹어낸다.

위의 버터 500g과 파슬리, 레몬주스, 흰 후추 대신에 다음 재료를 사용할 수 있다.

- Anchovy Butter : 앤초비 살 60g을 으깨어 첨가한다.
- Garlic Butter: 마늘 30g을 으깨어 첨가한다.
- Escargot Butter : 마늘 버터에 125㎖의 다진 파슬리, 소금, 흰 후추를 첨가한다.
- Shrimp Butter : 삶은 새우 250g을 갈아서 첨가한다.
- Mustard Butter : 디존 겨자를 100g 첨가한다.
- Herb Butter : 신선한 허브를 다져서 첨가한다.
- Shallot Butter : 다진 샬롯 60g을 첨가한다.

- Curry Butter : 녹인 버터 30g에 커리가루 20~30㎖를 첨가한 다음 냉장고에 넣어 식힌다.

Beurre Blanc (1L)

재료	분량	준비작업
백포도주(Dry White Wine)	500㎖	
백포도주 식초(White Wine Vinegar)	100㎖	
샬롯(Shallot)	60g	다진다.
찬 버터(Cold Butter)	1kg	잘게 자른다.
소금(Salt)	약간	

1. Sauce Pan에 소스와 스톡을 넣고 섞은 다음 반이 되도록 은근히 끓인다.
2. Chinois(눈이 촘촘한 China Cap)나 소창을 깐 China Cap에 거른 다음 막이 생기지 않도록 뚜껑을 덮어 Bain Marie(중탕)에 넣어 따뜻하게 보관한다. 혹은 나중에 사용할 때에는 찬물에 담가 재빨리 식혀 놓는다.

Bearnaise Sauce (1L)

재료	분량	준비작업
버터(Butter)	1,125g	정제하여 따뜻하게 둔다(정제하면 900g).
샬롯(Shallot)	60g	잘게 다진다.
백포도주 식초(White Wine Vinegar)	250㎖	
타라곤(Tarragon)	10㎖	
통후추(Pepper Corn)	12개	으깬다.
달걀노른자(Egg Yolk)	약간	
소금(Salt)	약간	
카엔(Cayenne)	2Ts	
파슬리(Parsley)		

1. 샬롯, 식초, 타라곤, 통후추를 섞어 3/4까지 조린 다음 가볍게 식힌다.
2. 스테인리스 스틸볼에 옮겨 담고 난 뒤 약간 식힌 후 달걀노른자를 넣고 거품을 잘 낸다.
3. 달걀노른자를 중탕하여 걸쭉해지면 불에서 내려 따뜻하게 만든 정제버터를 조금씩 넣어 유화시킨다.
4. 소창에 거른 다음 소금, 카엔, 레몬주스 몇 방울, 파슬리, 타라곤을 넣어 양념한다.
5. 따뜻한 상태로 낸다.

Bearnaise Sauce의 파생소스

- Foyot : 베어네이즈 1L에 Glace de Viande 60g을 첨가한다.
- Choron : 베어네이즈 1L에 60g의 토마토 페이스트를 첨가한다.

(바) 기타 Hot Sauce

Sour Cream Sauce (1L)

재료	분량	준비작업
양파(Onion)	250g	Brunoise로 썬다.
버터(Butter)	60g	
백포도주(White Wine)	60mℓ	
사워크림(Sour Cream)	1.2ℓ	
레몬주스(Lemon Juice)		
카옌(Cayenne)		
소금(Salt)		
흰 후추(White Pepper)		

1. 버터를 녹인 뒤 양파를 넣고 엷은 갈색이 나도록 볶는다.
2. 와인을 넣고 3/4이 되도록 조린다.
3. 사워크림을 넣고 은근하게 끓여 원하는 농도가 되도록 조린다.
4. 레몬주스 몇 방울을 넣고 카옌, 소금, 후추로 양념한다.

Barbecue Sauce (1L)

재료	분량	준비작업
토마토 퓌레(Tomato Puree)	1ℓ	
물(Water)	500mℓ	
우스터소스(Worcestershire Sauce)	150mℓ	
사이다 식초(Cider Vinegar)	125mℓ	
채소기름(Vegetable Oil)	125mℓ	
양파(Onion)	250g	잘게 다진다.
마늘(Garlic)	4ts	잘게 다진다.
설탕(Sugar)		
겨자(Mustard)	1Ts	
칠리 파우더(Chili Powder)	2ts	
흑 후추(Black Pepper)	1ts	
소금(Salt)		

1. Sauce Pan에 모든 재료를 넣고 끓어 오르면 불을 줄여 20분간 은근하게 끓인다. 때때로 저으면서 끓여 바닥에 눌어붙지 않도록 한다.
2. 간을 한다.

Sweet & Sour Sauce (1L)

재료	분량	준비작업
치킨 스톡(Chicken Stock)	1ℓ	
녹말(Cornstarch)	4Ts	1/2C의 스톡에 풀어 놓는다.
설탕(Sugar)	250g	
간장(Soy Sauce)	60㎖	
양파(Onion)	125g	Small Dice로 썬다.
빨강 · 파랑 고추(Red, Green Pepper)	125g	Small Dice로 썬다.
붉은 포도식초(Red Wine Vinegar)	125㎖	
생강(Ginger)		
소금(Salt)	1/2ts	
흰 후추(White Pepper)		

1. Sauce Pan에 녹말을 풀고 남은 스톡을 넣고 설탕과 간장을 넣어 끓인다.
2. 물녹말을 넣고 걸쭉하게 되도록 끓인다.
3. 채소와 생강을 넣고 부드러워질 때까지 끓인다.
4. 식초, 소금, 후추로 간을 한다.

(사) 기타 Cold Sauce

Tar-Tar Sauce (1L)

재료	분량	준비작업
딜 피클(Dill Pickle)	125g	잘게 다진다.
양파(Onion)	60g	잘게 다진다.
케이퍼(Caper)	60g	크면 조금 자른다.
마요네즈(Mayonnaise)	1ℓ	
파슬리(Parsley)	2Ts	잘게 다진다.

1. 피클과 케이퍼 다진 것은 소창으로 꼭 짜서 물기를 제거한다.
2. 모든 재료를 잘 섞는다.
※ Remoulade Sauce : 앤초비 으깬 것 1Ts를 타르타르 소스에 넣는다.

Horseradish Sauce(Sauce Raifort) (1L)

재료	분량	준비작업
생크림(Heavy Cream)	500㎖	거품을 빡빡하게 낸다.
호스래디시(Horseradish)	125㎖	
소금(Salt)		

1. 생크림을 약간 들어내어 호스래디시를 섞은 다음 생크림에 다시 섞어 소금으로 간한다.
※ 내기 바로 전에 만들어야 한다.

Mignohette Sauce (1L)

재료	분량	준비작업
포도식초(Wine Vinegar)	1ℓ	
샬롯(Shallot)	250g	Brunoise로 썬다.
소금(Salt)	1ts	
흰 후추(White Pepper)	1ts	
타라곤(Tarragon)	2ts	

1. 모든 재료를 섞어 냉장고에 보관한다.

Cocktail Sauce (200mL)

재료	분량	준비작업
토마토 케첩(Tomato Ketchup)	150㎖	
호스래디시(Horseradish)	60g	
핫소스(Hot Sauce)	1Ts	
우스터소스(Worcestershire Sauce)	2Ts	
레몬주스(Lemon Juice)	1Ts	
레몬(Lemon)	1개	
타바스코소스(Tabasco Sauce)	1Ts	
식용유(Salad Oil)	1Ts	
소금, 후추, 브랜디(Salt, Pepper, Blandy)	약간	

1. 토마토케첩을 먼저 Bowl에 넣고 식용유와 브랜디를 제외한 나머지 재료를 넣고 잘 저은 다음 식용유를 조금씩 넣으면서 섞는다.
2. 브랜디와 소금으로 간한다.

Ceviche Sauce (200mL)

재료	분량	준비작업
토마토케첩(Tomato Ketchup)	100g	
레몬주스(Lemon Juice)	1Ts	
붉은 피망(Red Pimentoes)	10g	잘게 다진다.
마늘(Garlic)	10g	잘게 다진다.
양파(Onion)	40g	잘게 다진다.
푸른 피망(Green Pimentoes)	30g	잘게 다진다.
생강주스(Fresh Ginger Juice)	1Ts	
우스터소스(Worcestershire Sauce)	1Ts	
타바스코 소스(Tabasco Sauce)	1Ts	
소금, 후추(Salt, Pepper)	조금	

1. 모든 재료를 섞은 뒤 소금, 후추로 간을 한다.

Western Cooking Practice

04

조리산업기사(양식)
메뉴

Cordon Blue Melanese with Bordelaise Sauce

코르돈 블루 밀라네즈와 보흐델라즈소스

지급재료

- Sirloin or Tenderloin 150g • Smoked Ham 10g
- American Cheese 10g • Mozarella Cheese 15g • Flour some
- Egg 1ea • Bread Crumb 50g • Parmesan Cheese 30g
- Spaghetti 50g • Fresh Cream 50mL • Parsley a little • Salt • Pepper

만드는 방법

❶ 소고기(등심 혹은 안심)를 손질하여 얇게 편 다음 아메리칸 치즈, 모짜렐라 치즈와 햄을 넣고 말아서 밀가루를 묻혀둔다.

❷ 1에 달걀물을 발라 빵가루, 파마산 치즈, 파슬리 다진 것을 고루 섞어 옷을 입힌다.

❸ 달군 팬에 버터와 오일을 두르고 빵가루 입힌 고기를 색깔이 나도록 구운 뒤, 200℃의 오븐에 익혀낸다.

❹ 스파게티는 끓는 물에 6~8분간 삶아, 버터에 볶다가 소금, 후추로 간한 다음 생크림으로 맛을 낸다.

❺ 아스파라거스는 필러(peeler)로 껍질을 벗긴 후 끓는 물에 소금을 넣어 데쳐낸다. 팬에 버터를 녹여 데친 아스파라거스를 볶은 후 소금, 후추로 간을 한다.

❻ 접시에 익힌 고기를 담고 스파게티를 곁들인 다음 보흐델라즈소스를 끼얹어 완성한다.

보흐델라즈소스

• 다진 양파 10g • 다진 마늘 3g • 버터 10g • 드라이 레드와인 100mL • 데미글라스소스 50mL • 월계수잎 1장
• 소금 • 후추 • 타임 1줄기

❶ 달군 팬에 버터를 녹여 다진 양파와 다진 마늘을 볶다가 적포도주를 넣어준다.

❷ 반으로 조려준 후 데미글라스소스와 향신료를 넣고 은근히 끓인 후 면포에 걸러 소금, 후추로 간을 한다.

TIP

1. 아스파라거의 뒤꼭지 부분을 2cm 잘라 다른 용도에 사용한다.
2. 브라운 소스는 서양요리 소스의 5대 소스 중 하나로 서양요리에서 가장 많이 쓰이는 소스이며, 재료에 따라 응용소스가 다양하다.
3. 빵가루, 파마산치즈, 다진 파슬리를 섞어서 미리 준비해 둔다.
4. 소스의 농도를 조절하기 위해 스톡을 사용하면 알맞게 만들 수 있다.

• Cordon Blue : Blue Ribon이란 뜻의 프랑스어로 뛰어난 여자 주방장에게 주어지는 징표였으나 오늘날에는 최고의 주방장들에게 부여하는 호칭이다.
  소고기, 닭고기, 돼지고기를 얇게 펴서 치즈나 햄을 넣고 말아 갈색이 나도록 구운 조리법을 말한다.
• Batonnet : 작은 막대기형으로 길게 써는 것을 말한다.

Tenderloin Steak with Chasseur Sauce

샤수르 소스를 곁들인 안심스테이크

지급재료

Tenderloin 200g • Onion 30g • Celery 20g • Tomato Paste 20g
Tomato 1ea • Mushroom 30g • Demiglace Sauce 50mL
Bordeaux Red Wine 100mL • Butter 80g • Flour 40g
Bay Leaf 3ea • Whole Pepper 10g • Garlic 20g • Shallot 50g
Sweet Pumpkin 50g • Thyme 1stem

만드는 방법

❶ 안심을 손질하여 소금, 후추를 뿌려둔다.

❷ 샤수르 소스 만들기

❸ 더운 채소 준비(3가지 – 플란 포테이토, 샬롯 & 단호박구이)

❹ 가열된 팬에 기름을 두르고 안심을 익혀낸 다음 더운 채소 3가지로 장식하고 소스를 끼얹어낸다.

※ 오븐을 예열한 후 손질한 안심을 가열된 팬에 색깔이 나도록 구운 뒤 스테이크 굽는 정도에 따라 오븐온도를 달리하여 구워준다(Rare : 190℃, 1분, Medium : 190℃, 6분, Medium Welldone : 190℃, 8분, Welldone : 190℃, 10분).

샤수르소스

• 버터 50g • 양송이(슬라이스) 100g • 샬롯 50g • 화이트와인 50mL • 데미글라스소스 200mL • 파슬리 2g
• 토마토 1개

❶ 토마토 콩카세 만들기 – 토마토를 끓는 물에 데쳐서 껍질을 벗기고 씨를 제거한 다음 잘게 다져 놓는다.

❷ 버터를 넣은 후 샬롯 다진 것과 양송이를 넣고 볶아 와인을 넣고 3/4으로 조려준다.

❸ 데미글라스와 토마토 콩카세를 첨가한다.

❹ 다진 파슬리를 넣고 소금, 후추로 간을 한다.

플란 포테이토(Flans Potato)

• 감자 100g • 넛멕 2g • 달걀 1ea • 생크림 20mL • 버터 20g • 소금 1g • 후추 1g • 파슬리가루 1g

❶ 감자는 껍질을 벗겨 찬물에 담근다.

❷ 감자를 삶은 다음 퓌레를 만들어 버터, 넛멕, 달걀, 소금, 후추, 파슬리가루, 크림을 넣어 준비해 둔다.

❸ 몰드에 버터를 바르고, 1을 채워 오븐에서 구워준다.

샬롯과 단호박구이

❶ 샬롯과 단호박은 모양을 다듬어 소금, 후추로 간을 한다.

❷ 올리브오일을 발라 190℃의 오븐에서 5분간 굽는다.

• 샬롯(Shallot) : 부추과에 속하며, 마늘처럼 갈라져 나와 송이를 이룬다.

Grilled Duck Breast with Bigarade Sauce

비가라드소스를 곁들인 구운 오리가슴살

지급재료

- Duck Breast 200g • Orange Juice 1/2C • Orange 1/2ea • Carrot 1/4ea
- Cherry Tomato 1ea • Shallot 1/2ea • King Oyster Mushroom 1ea
- Thyme 1ea • Brandy 5mL • Sugar 20g • Butter 20g • Corn Starch 10g
- Pepper Corn 5ea • Tomato 1/2ea • Onion 1/4ea • Garlic 5g
- Olive Oil 20mL • Bay Leaf 1ea • Salt • Pepper

준비사항

❶ 오리가슴살을 손질한 다음 다진 마늘, 소금, 후추로 양념한다.

❷ 콘스타치는 물에 풀어 놓는다.

오렌지 제스트 만들기

❶ 오렌지 껍질을 흰 부분 없이 얇게 포를 떠 가늘게 채(Julienne)를 썬다.

채소 요리하기

❶ 새송이버섯은 두께 1cm로 잘라 소금, 후추로 간을 한 후 그릴 또는 기름을 두르지 않은 팬에 구워준다.

❷ 방울토마토는 끓는 물에 데쳐 껍질을 위로 올리고, 올리브오일, 소금, 설탕, 후추를 넣고 윤기가 나도록 조린다.

❸ 당근은 둥근 모양을 살려서 잘라 가장자리 부분을 오려낸 후 끓는 물에 소금을 넣어 데치고 팬에 버터를 녹여 채소육수, 레몬주스, 설탕, 소금, 후추를 넣어 윤기나게 조린다.

준비사항

❶ 가열된 팬에 올리브오일을 두르고 오리가슴살의 양면을 갈색이 나도록 익혀낸다.

❷ 접시에 구운 고기를 담고 채소를 모양 있게 곁들인 다음 소스를 뿌려낸다.

비가라드소스(Bigarade Sauce)

• 데미글라스 100mL • 적포도주식초 10mL • 오렌지 1개 • 설탕 10g • 브랜디 5mL • 월계수잎 1장 • 소금 • 후추

❶ 팬에 설탕을 넣고 가열하여 연한 갈색이 나면 적포도주식초를 넣고 조려준다.

❷ 오렌지주스를 넣고 다시 1/3 정도 조려준 후 브랜디로 플람베해 주고, 데미글라스소스, 월계수잎, 통후추를 넣어 절반 정도 조린 다음 소금, 후추, 설탕을 넣어 양념하고 물에 풀어 놓은 콘스타치를 혼합하여 농도 조절한 다음 고운체에 걸러 마지막에 오렌지 zest를 넣어 소스를 완성한다.

> **TIP** 🍳
>
> 오렌지 껍질은 끓는 물에 데쳐 사용하면 쓴맛이 제거된다.

• 비가라드(Bigarade)는 설탕에 절인 프랑스 중부지방 니스(Nice)의 특산품이며 오렌지 껍질만을 사용하여 큐라소(Curacao)를 만든다.

• 플람베(Flambe) : 서양요리의 조리방법 중 하나로 높은 도수의 술로 불을 붙여 음식의 잡내 제거 및 향을 내는 조리방법이다.

Pork Chop with Braising Red Cabbage and Mustard Cream Sauce

머스터드 크림소스와
브레이징 적양배추를
곁들인 폭찹

지급재료

- Porkloin 150g(잔 칼집을 넣어 소금, 후추를 뿌려둔다.)
- Onion 1/4ea(chop) • Garlic 10g(chop) • Broccoli 20g • Carrot 1/4ea
- Salt • Pepper • Sugar

준비사항

❶ 고기굽기 : 팬에 열을 가하여 오일을 두르고 Marinade한 고기에 밀가루를 묻혀서 색깔을 내어 불에 익혀낸다.

프로방스식 토마토(Provencal Tomato)

• 토마토 1개 • 빵가루 30g • 파슬리 2g • 파마산치즈 5g • 버터 10g • 소금 2g • 후추 1g

❶ 토마토는 윗부분을 썰어 속을 파내어 준비한다.

❷ Bowl에 다진 마늘, 빵가루, 다진 파슬리, 파마산치즈, 버터, 소금, 후추를 혼합한다.

❸ 1에 2를 넣어 속을 채운 후 샐러맨더에서 노릇하게 구워준다.

Roasted Potato

• 감자 100g • 버터 20g • 소금 1g • 후추 1g

❶ 감자의 껍질을 벗겨 동그란 모양으로 다듬어서 삶아준다.

❷ 팬에 버터를 넣어 노릇하게 구운 후 소금, 후추 간을 한다.

Glazing Carrots

❶ 당근은 껍질을 벗겨 비쉬(Vichy) 모양으로 만든다.

❷ 끓는 물에 소금을 넣어 데치고 팬에 버터를 녹여 채소육수, 레몬주스, 설탕, 소금, 후추를 넣어 윤기나게 조린다.

Braising Red Cabbage

• 적채 100g • 베이컨 10g • 양파 20g • 사과 30g • 레드와인 1/2C • 설탕 20g • 클로브 2개 • 레드와인식초 1Ts
• 소금 조금 • 후추 조금

❶ Pan에 버터를 넣고 베이컨, 양파, 사과, 적채, 설탕을 넣고 양파가 부드러워질 때까지 약한 불에 볶는다.

❷ 1에 물을 넣고 양파에 정향 꽂은 것을 넣어 뚜껑을 덮고 약 20분 정도 Simmering한다.

❸ 식초와 적포도주를 넣고 10분 정도 익힌 후 클로브를 꺼내고 소금으로 간을 한다.

Mustard Cream Sauce

• 밀가루 60g • 버터 40g • 우유 1C • 겨자 3Ts • 화이트와인 1/4C • 월계수잎 1장 • 통후추 5개 • 소금 • 후추

❶ 두꺼운 팬에 버터를 녹여 밀가루를 넣고 저열로 볶아준다.

❷ Roux가 완성되면 우유를 조금씩 넣으며 Roux를 푼 다음, 백포도주, 월계수잎, 통후추를 넣는다.

❸ 소스가 어느 정도 끓여지면 양겨자를 넣고 소금, 후추를 넣어 완성한 다음 고운체에 걸러준다.

※ 농도는 약간 묽을 정도로 하여 시간을 길게 하면 더욱 구수한 소스가 된다.

❹ 구운 고기를 접시에 담고 더운 채소(Brasing Red Cabbage)를 곁들인 다음 소스를 끼얹어 완성한다.

Poached Salmon with White Wine Sauce

포칭한 연어와 화이트와인소스

지급재료

- Fresh Salmon 200g • Lemon 1ea • White Wine 1/2C • Parsley 40g
- Thyme 2g • Mushroom 40g • Butter 50g • Flour 30g • Fish Stock 3C
- Onion 1/4ea • Cream 1C • Vinegar 2Ts • Pepper Corn 5ea
- Balsamic Vinegar Reduction 10mL • Bay Leaf 2ea • Salt • Pepper

준비사항

❶ 연어의 뼈와 가시를 제거한 후 모양을 내어 레몬즙, 와인, 소금, 후추로 양념한다.

❷ 파슬리를 곱게 다진다.

❸ 양송이는 모양대로 채썬다.

❹ White Roux를 만들어 생선스톡, 크림, 월계수잎, 통후추를 넣어 와인소스를 만든다.

만드는 방법

❶ 깊은 냄비에 생선 스톡과 레몬즙, 와인, 월계수잎, 통후추, 파슬리 줄기, 식초, 양파, 버섯을 넣고 연어를 넣어
뚜껑을 덮은 채 약한 불에 익혀낸다.

❷ 모양대로 채썬 양송이는 버터로 볶아내며, 볶을 때 파슬리를 첨가한다.

❸ 2를 접시에 담은 후 포칭한 연어를 올린다.

※ 와인 소스를 뿌린 후 타임 줄기로 장식한다.

Grilled Turbot with Supreme Sauce and Ratatoullie

슈프림소스와 라타투이를 곁들인 넙치구이

지급재료

- Turbot 400g • Green and Red Pimento each 20g • Onion 20g
- Zucchini 20g • Eggplant 20g • Tomato 20g • Tomato Paste 20g
- Lemon 1/2ea • Dry Chilli Pepper 50g • Orange Juice 1/2C
- White Wine 50mL • Butter 50g • Ginger 20g • Garlic 20g • Potato 1ea
- Fresh Cream 50mL • Basil 20g • Oregano 20g • Bay Leaf 2ea
- Whole Pepper 10g • Salad Oil • Salt • Pepper

준비사항

❶ Turbot Fillet(2장 뜨기)에 레몬, 소금, 후추를 뿌리고 밀가루를 발라둔다.

❷ Pan에 Butter를 두르고 앞뒤를 잘 굽는다.

만드는 방법

❶ 팬을 가열하여 버터를 두르고 준비 1을 Fan Fry하여 익혀낸다.

❷ 구운 생선을 접시에 담고 생선 위에 Ratatoullie를 올리고 소스를 뿌려 마무리한다.

슈프림소스(Supreme Sauce)

• 양파 20g • 치킨스톡 100mL • 화이트와인 100mL • 밀가루 20g • 생크림 100mL • 버터 50g • 레몬주스 5mL
• 소금 • 후추

❶ 치킨 벨루테(Chicken Veloute)를 만든다. 버터 1 : 밀가루 1의 비율로 블론드 루를 만들고 닭 육수를 넣어 끓여 준다.

❷ 1에 레몬주스와 버터를 넣고 고운체에 거른 다음 소금, 후추로 간을 한다.

매시트포테이토(Mashed Potato)

❶ 감자를 씻어 끓는 물에 삶아 준다.

❷ 1의 감자는 껍질을 벗긴 후 체에 내려 약한 불에서 계속 볶아 수분을 제거한다.

❸ 2의 감자에 생크림과 버터를 첨가한 후 소금, 후추로 간을 한다.

라타투이(Ratatouille)

❶ Onion, Zucchini, Eggplant, Green and Red Pimento를 5∼6mm×6cm 크기로 길게 썰고 마늘은 다진다.

❷ 토마토는 끓는 물에 데쳐서 씨와 껍질을 제거한 후 토마토 콩카세를 만든다.

❸ 팬에 올리브오일을 두르고 마늘을 볶다가 준비된 채소재료를 넣고 볶는다.

❹ 백포도주, 토마토 페이스트를 넣고 소금, 후추로 간을 한다.

❺ 마무리 단계에서 토마토 콩카세를 넣어준다.

• 닭 크림소스 중에서 가장 훌륭하다.

Raisin, Pinenut Stuffed Porkloin and Curry Sauce

건포도, 잣을 채운
돼지등심과
커리소스

지급재료

• Porkloin 180g • Raisin 40g • Pinenut 30g • Almond Slice 20g
• Apple 1ea • Salt • Pepper • Asparagus 1ea • Cherry Tomato 1ea
• Broccoli 1ea

준비사항

❶ 돼지 등심을 도톰하게 포뜬 다음 소금, 후추를 뿌려둔다.

❷ 사과는 껍질과 씨를 제거한 후 채썬다.

❸ 1에 채썬 사과와 건포도, 잣, 아몬드를 넣고 말아서 굵은 실로 묶어 모양을 유지시킨다.

만드는 방법

❶ 가열된 팬에 기름을 두르고 준비 3의 표면을 지져낸 다음 저열로 익혀낸다.

❷ 조리된 고기를 모양 그대로 혹은 1.5cm 두께로 썰어 보기 좋게 담고 소스를 끼얹는다.

❸ 더운 채소 3가지를 곁들인다.

프로방스식 토마토(Provencal Tomato)

❶ 토마토는 윗부분을 썰어 속을 파내어 준비한다.

❷ Bowl에 다진 마늘, 빵가루, 다진 파슬리, 파마산치즈, 버터, 소금, 후추를 넣고 섞는다.

❸ 1에 2를 넣어 속을 채운 후 샐러맨더에서 노릇하게 구워준다.

Blanched Broccoli

❶ 브로콜리를 송이로 만든 다음 소금물에 데쳐낸다.

❷ 팬에 버터를 넣어 구운 후 소금, 후추로 간을 한다.

Glazing Baby Carrots

❶ 당근은 껍질을 벗겨 비쉬(Vichy) 모양으로 만든다.

❷ 끓는 물에 소금을 넣어 데치고 팬에 버터를 녹여 채소육수, 레몬주스, 설탕, 소금, 후추를 넣어 윤기나게 조린다.

Curry Sauce

• 밀가루 40g • 버터 30g • 커리가루 20g • 생강 1조각 • 양파 1/2개 • 셀러리 1줄기 • 사과 1/4개 • 마늘 3개 • 월계수잎 1장 • 통후추

❶ 양파, 셀러리를 채썰어 버터에 볶다가 밀가루를 넣어 볶는다.

❷ 카레분을 넣어 Roux를 완성한다.

❸ 육수, 통후추, 월계수잎을 넣고 끓이며 사과도 썰어 넣고 소금, 후추로 간을 조절하여 고운체에 걸러서 소스를 완성한다.

Wrapped Herb Crust with Lamb Chop

허브크러스트를 묻혀 구운 양갈비구이

지급재료

- Rack of Lamb 350g • Red Wine 1/2C • Lemon Juice 2Ts
- Garlic Chop 2clove • Honey 3ts • Mustard 2Ts • Potato 30g
- Asparagus 1ea • Sweet Pumpkin 30g • Whole Garlic 1ea
- Rosemary 1stem • Thyme 1stem • Lamb Gravy 20g • Mint Jelly 30g

만드는 방법

❶ 양갈비는 불필요한 지방 및 기름기를 제거하고 굽기 좋게 손질한다.

❷ 손질한 양갈비를 적포도주와 레몬즙에 절여 잡내를 제거한다.

❸ 재워둔 양갈비를 180℃로 예열해 둔 오븐에 넣어 25분 정도 굽는다.

❹ 25분 정도 지나면 양갈비를 꺼내어 윗면에 허브 크러스터를 골고루 바른 후 오븐에 5분 정도 더 굽는다.

❺ 단호박과 아스파라거스는 껍질을 제거한 후 끓는 물에 살짝 데친 후 그릴에서 굽는다.

❻ 통마늘은 깨끗이 씻어 물기를 제거한 후 소금, 후추로 간을 하고 오븐에 80℃의 저온에서 구워준다.

담기

❶ 구운 양갈비를 한 마디씩 잘라 접시 중앙에 뼈가 위로 오도록 비스듬히 담고, 옆에 감자와 구운 단호박, 당근, 아스파라거스와 프레시 허브로 장식한다.

❷ 접시 가장자리에 램 그래비(lamb gravy)를 뿌려 마무리한다.

허브크러스트(Herb Crust)

• 로즈마리 1줄기 • 타임 1줄기 • 오레가노 3g • 세이지(Sage) 1줄기 • 파슬리 5g • 파마산치즈 5g • 빵가루 20g
• 버터 20g • 소금 2g • 후추 2g

❶ 다진 허브와 빵가루, 파마산치즈, 통후추, 버터, 소금을 섞어 허브 크러스터를 만든다.

램 그래비(Lamb Gravy)

• Lamb Jus 20g • 데미글라스 50mL • 적포도주 15mL • 버터 10g • 양파 10g • 타임 2g • 소금 1g • 후추 1g

❶ 팬에 버터를 넣고 다진 양파를 볶다가 적포도주를 넣고 1/2가량 조린 다음 양갈비 구운 육즙과 데미글라스를 넣고 허브를 넣어 다시 조린 후 소금, 후추로 간을 한다.

• 양고기(Lamb) : 가장 좋은 양고기는 사육고기로 생후 8~15주 된 어린 양이다. 그 다음은 3~15개월 된 스프링 램(spring lamb)이 있다. 양고기는 근섬유가 가늘고 조직이 약하기 때문에 소화가 잘되고 특유의 향이 있다. 보통 1년 이상 된 성숙한 양은 머튼(mutton)이라 하고 향이 강하며, 생후 1년 이내의 어린 양을 램(lamb)라 하여 특유의 향이 약하므로 레몬주스나 식초를 약간 가미하면 거의 없어진다. 양고기를 조리할 때는 박하(mint), 로즈마리(rosemary), 타임(thyme) 등과 같은 향신료를 이용하여 특유의 향을 제거하기도 한다. 양고기는 서남아시아인 중동지역 사람이나 유태인이 즐겨 찾는 요리이다.

Lasagne

라자냐

지급재료

- Lasagne 250g • Bechamel Sauce 500g • Meat Sauce 600g
- Parmesan Cheese 60g • Olive Oil 15mL • Mozzarella Cheese 60g

만드는 방법

❶ 라자냐는 끓는 물에 8분 정도 삶은 후 물기를 완전히 제거해 둔다.

❷ 오븐 그릇에 오일을 바른 후 라자냐를 깐다.

❸ 베샤멜소스, 미트소스를 바르고 라자냐를 얹는다.

❹ ③을 3번 반복한다.

❺ 위에 베샤멜소스와 치즈를 뿌리고 윗면 색깔이 노릇하게 나도록 200℃의 오븐에서 20분 정도 굽는다.

Bechamel Sauce

• 버터 14g • 우유 20mL • 밀가루 14g • 월계수잎 1장 • 양파 20g • 정향 1개 • 넛멕 약간 • 소금 • 후추

❶ 소스 Pan에 버터를 녹이고 밀가루를 넣어 볶아 화이트 Roux를 만든다.

❷ 우유에 양파, 정향을 넣어 은근한 불에 20분간 끓인 후 체에 걸러놓는다.

❸ 1에 따뜻한 2의 우유를 넣어 나무주걱으로 잘 저어준 후 소금, 후추, 넛멕으로 간을 한 후 체에 걸러 완성한다.

Meat Sauce

• 다진 쇠고기 100g • 양파 1/2개 • 당근 50g • 셀러리 50g • 마늘 3조각 • 토마토 페이스트 1Ts • 토마토 홀 300g • 닭 육수 250mL • 바질 3장 • 월계수잎 1장 • 파마산치즈 20g • 타임 10g • 올리브유 30mL • 소금 약간 • 후추 약간

❶ 소스 Pan에 올리브유를 두른 다음 양파, 당근, 셀러리, 마늘 다진 것을 넣어 볶다가 다진 고기를 넣고 볶은 후 토마토 페이스트를 넣어 잘 볶는다.

❷ 1에 으깬 토마토 홀을 넣어 다시 볶다가 닭 육수, 향신료를 넣어 조린 다음 소금, 후추, 파마산치즈로 간한다.

Seafood
Soup

해산물수프

지급재료

- Baby Clam 4ea • Mussel 4ea • Cuttle Fish 1/2ea • Shrimp 4ea
- White Fish Meat 100g • Onion 1/4ea • Carrot 40g
- Celery 40g • Parsley 10g • Bay Leaf 1ea • Thyme 5g
- Saffron 5g • Olive Oil 1Ts • White Wine 1/4C • Leek 20g
- Salt • Pepper • Italian Parsley

만드는 방법

❶ 냄비에 다진 양파, 대파, 홍합 순으로 볶아 백포도주로 조려준 후 물을 붓고 끓여 껍질과 살을 분리하고 생선 육수에 샤프란을 넣고 끓여 체에 거른다.

❷ 모시조개는 소금물에 담가 해감시킨다.

❸ 오징어는 껍질을 벗기고 칼집을 넣은 다음 썬다.

❹ 새우는 등 쪽을 꼬치로 찔러 내장을 뺀다.

❺ 흰 살 생선은 3cm 길이로 썬다.

❻ 양파는 곱게 다지고 당근은 가로ㆍ세로 1cm, 두께 0.2cm로 썰고 셀러리는 0.2cm 두께로 썬다.

❼ 냄비에 올리브오일을 두르고 양파, 셀러리, 당근을 넣고 볶다가 흰 살 생선을 제외한 나머지 해산물을 넣어 볶는다.

❽ 7에 백포도주를 넣고 볶은 후 육수, 월계수잎, 타임을 넣고 한소끔 끓인다.

❾ 흰 살 생선을 넣고 마지막에 소금, 후추를 넣어 양념한다.

❿ 접시에 수프를 담고 위에 이태리 파슬리를 올려준다.

Ravioli

라비올리

지급재료

- Butter 30g • Onion 1/2ea • Garlic 2ea • Prosciutto Ham 90g
- Ground Pork 125g • Ground Veal Meat 125g
- Oregano 1/2ts(Dried 1/8ts) • Paprica 1ts • Tomato Puree 1/2Ts
- Chicken Stock 125mL • Egg Yolk 1ea • Flour 120g • Semolina 80g
- Fresh Cream 200mL • Milk 200mL • White Wine 20mL
- Olive Oil 40mL • Parmesan Cheese 20g

만드는 방법

❶ 스텐볼에 밀가루, 세몰리나, 올리브오일, 달걀 1/2, 소금을 넣고 반죽하여 비닐랩에 싸서 30분간 냉장고에 숙성시킨다.

❷ 버터에 양파와 마늘을 볶다가 다진 프로슈토 햄, 다진 돼지고기, 송아지고기를 볶다가 오레가노, 파프리카 가루를 첨가하고 소금, 후추 간을 하여 준비한다.

❸ 1의 반죽을 둥글게 밀어 2번의 속을 1스푼씩 넣어 가장자리에 남은 달걀을 발라 라비올리(Ravioli) 모양을 만들어준다.

❹ 달궈진 팬에 다진 양파를 볶다가 백포도주, 크림소스를 넣고 볶은 후 소금, 후추로 간을 한다.

❺ 자루 냄비(Pot)에 물과 올리브오일, 소금을 넣고 끓기 시작하면, 3의 라비올리를 넣어 삶아준다.

❻ 접시에 5번을 담아주고 크림소스를 끼얹어준다.

Vanilla
Pudding

바닐라 푸딩

지급재료

- Milk 1C • Egg 1ea • Sugar 3Ts • Vanilla Essence 1/2ts • Salt • Starch 1/2ts
- Butter • Caramel Syrup(Sugar 1/2C, Vanilla Syrup 1ts, Water 1/3C)
- Strawberry 1ea • Orange 1/4ea

만드는 방법

❶ 캐러멜 시럽의 분량을 서서히 끓여 중간보다 약간 진한 색깔이 날 때까지 조려 캐러멜 시럽을 완성한다.

❷ 푸딩그릇에 버터를 충분히 발라준 다음 캐러멜 시럽을 바닥에 깔릴 정도로만 부어 굳힌다.

❸ 설탕과 녹인 버터, 바닐라 에센스, 소금, 우유, 달걀, 녹말가루를 함께 담고 골고루 저어준다.

❹ 3은 냄비에 담고 약한 불 위에서 나무주걱으로 서서히 저어 뜨거워지면 들어낸다.

❺ 4의 시럽은 고운체에 내려 2의 푸딩컵에 2/3 높이만큼 부어 넣고 김이 오른 찜통(오븐)에 넣고 약한 불 위에서 10분 정도 쪄낸다. 혹은 중탕의 상태로 오븐(250℃)에서 40분간 정도 구워내기도 한다.

❻ 젓가락으로 찔러보아 익혀진 정도를 확인하여 들어낸다.

TIP 👨‍🍳

1. 푸딩은 속까지 잘 익혀야 한다.
2. 이쑤시개를 이용하여 기포를 없애준다.
3. 캐러멜(Caramel)을 만들 때에는 타지 않도록 주의한다.

참고문헌

한국산업인력공단 양식조리기능사 및 조리산업기사(양식) 출제기준
서양조리학, 백산출판사
On Cooking, Prentice-Hall
Professional Chef, Wiley
Professional Cooking, Wiley

저자소개

김미향
현) 수성대학교 호텔조리과 교수
    한국산업인력공단 조리산업기사(양식) 필기 및 실기 출제위원
    한국산업인력공단 실기시험 감독
영남대학교 가정학과 문학박사

저서
서양조리학, 조리원리, 식생활관리

정중근
현) 호산대학교 호텔외식조리과 교수
    한국산업인력공단 실기시험 감독
위덕대학교 외식산업학과 이학박사
현대호텔(경주) 양식주방장

최은주
현) 이비스스타일 앰배서더 강남호텔 총주방장
경희대학교 조리외식경영학과 석사
제주롯데호텔 조리부 근무
수성대학교 호텔조리과 겸임교수
혜전대학교 및 서영대학교 외래교수

김동석
현) 영남대학교 식품경제외식학과 겸임교수
    한국에스코피에요리연구회 지식협동조합(E.C.A.) 연구원
    수성대학교 호텔조리과 외래교수
영남대학교 식품가공학과 식품학박사
서원대학교 호텔외식조리학과 교수

저서
조리실무경영론, The Sauce, 음식문화비교론

저자와의
합의하에
인지첩부
생략

서양조리 실무

2017년 3월 20일 초판 1쇄 인쇄
2017년 3월 25일 초판 1쇄 발행

지은이 김미향·정중근·최은주·김동석
펴낸이 진욱상
펴낸곳 백산출판사
교　정 편집부
본문디자인 장진희
표지디자인 오정은

등　록 1974년 1월 9일 제1-72호
주　소 경기도 파주시 회동길 370(백산빌딩 3층)
전　화 02-914-1621(代)
팩　스 031-955-9911
이메일 edit@ibaeksan.kr
홈페이지 www.ibaeksan.kr

ISBN 979-11-5763-360-9
값 25,000원